ISBN: 978-3-935220-10-1

W0343028

Der Privatflugzeugführer

Band 3 **Technik II**

Verfasser: Wolfgang Kühr

Der Privatflugzeugführer

Band 3 **Technik II**

ISBN: 978-3-935220-10-1

Verfasser: Wolfgang Kühr

Fachliche Aktualisierung: Karsten Riehl

Herausgeber, Verlag und Copyright: LUFTFAHRTVERLAG
Friedrich Schiffmann GmbH & Co. Kommanditgesellschaft,
Bergisch Gladbach
Geschäftsführer: Heinrich Wittemann
Verlagsleitung: Birgit Frank
E-Mail: b.frank@schiffmann.de, Internet: www.schiffmann.de

Rechte: Alle Rechte vorbehalten, insbesondere auch diejenigen aus der spezifischen Gestaltung. Der auszugsweise oder teilweise Nachdruck oder eine Vervielfältigung sind untersagt und werden als Verstoß gegen das Urheberrechtsgesetz verfolgt. Alle Angaben erfolgen nach bestmöglicher Information, jedoch ohne Gewähr für die Richtigkeit.

Gesamtherstellung: Schiffmann-Gruppe
51427 Bergisch Gladbach
Germany

Auflage: überarbeitete Auflage April 2008

Vorwort

Mit dem hier vorliegenden Band besitzen Sie ein Buch aus der neuesten Auflage. Es erfüllt uns mit einem gewissen Stolz, dass in Bezug auf den Inhalt, den Aufbau und die Gliederung nichts mehr verbesserungswürdig war. Wohl aber haben wir da optimiert, wo es uns oder den Benutzern der ersten Auflagen empfehlenswert erschien.

Den Jungfliegern wünschen wir viel Erfolg mit unserer Lehrbuchserie, sodass Prüfung und fliegerische Laufbahn „störungsfrei" verlaufen mögen.

Den Altpiloten hoffen wir eine Menge einstmals gelernten Fachstoffes, der vielleicht irgendwo vergraben war, wieder verwertbar zu machen.

Herausgeber
LUFTFAHRTVERLAG
Friedrich Schiffmann GmbH & Co. Kommanditgesellschaft

1 Staudruck- und statisches Drucksystem und die daran angeschlossenen barometrischen Flugüberwachungsinstrumente

Das Staudruck- und statische Drucksystem (pitot-static system) versorgt die **barometrischen Flugüberwachungsinstrumente** mit den notwendigen Druckwerten. An das System sind folgende Instrumente angeschlossen:

1. der **Fahrtmesser (Airspeed Indicator),** vgl. Abschnitt 1.1;
2. der **Höhenmesser (Altimeter),** vgl. Abschnitt 1.2;
3. das **Variometer (Vertical-Velocity Indicator),** vgl. Abschnitt 1.3.

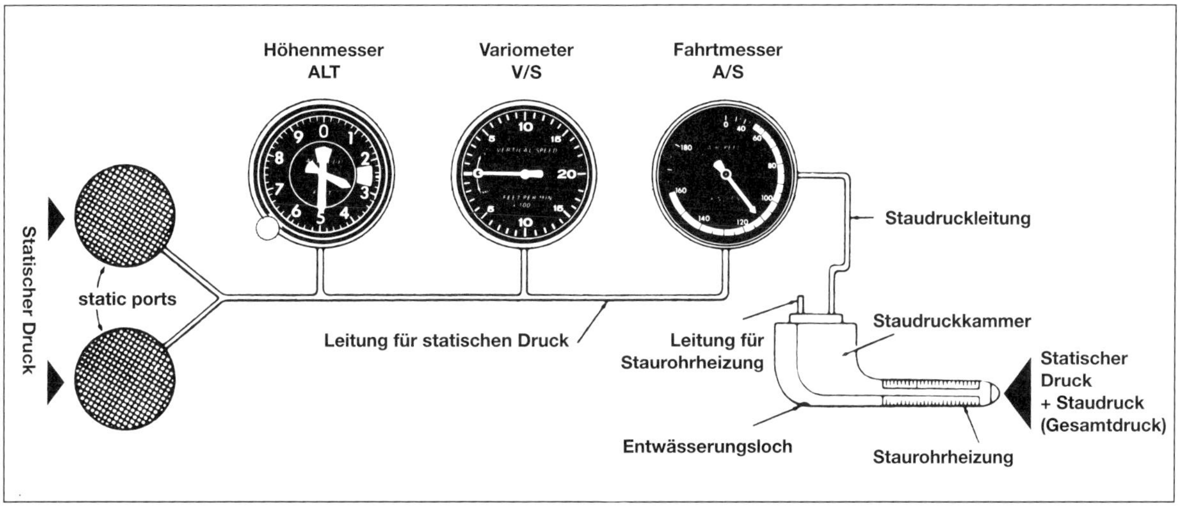

Bild 1.1 Das Staudruck- und statische Drucksystem und die daran angeschlossenen barometrischen Flugüberwachungsinstrumente

Das System besteht aus einer

- **Staudruckkomponente mit Staurohr (pitot tube),** die nur mit dem **Fahrtmesser** verbunden ist, und einem
- **statischen Druckteil,** das alle drei angeschlossenen Instrumente mit dem **Luftdruck der ruhenden Umgebungsluft** in der Flughöhe des Flugzeugs versorgt. Dieser Druck wird als **statischer Druck** bezeichnet.

Das **Staurohr** beliefert den Fahrtmesser – nur er ist mit der Staudruckkomponente verbunden – über die Staudruckleitung mit einem so genannten **Gesamtdruck,** der sich aus dem **statischen Druck** und dem **Staudruck** zusammensetzt.

Der **Fahrtmesser** ist mit **beiden Systemteilen** verbunden, während das **Variometer** und der **Höhenmesser** nur an das **statische Drucksystem angeschlossen** sind (siehe Bild 1.1).

Das **Staurohr** ist in den meisten Fällen mit einer **Staurohrheizung** (nur bei Vereisungsgefahr einschalten!) ausgerüstet und wird am Flugzeug **dort** angebracht, wo die **geringstmögliche Störung der Luftströmung** im Fluge zu erwarten ist. Aus diesem Grunde variiert die Anbringung des Staurohrs von einem Flugzeugtyp zum anderen. Häufig wird es an einer der Flügelvorderkanten an den Tragflügeln so montiert, dass es unterhalb des Profils in die **ungestörte Luftströmung** hineinragt. Das Staurohr ist über eine Leitung mit dem Fahrtmesser verbunden (siehe Bild 1.1). Die **statische Druckentnahme** erfolgt bei den meisten Flugzeugen über **zwei winzige Öffnungen (static ports)** an beiden Seiten des Rumpfes (z. B. bei Cessna 150 und 172). Beide Öffnungen sind y-förmig über Schläuche miteinander verbunden. Der hier abgenommene statische Druck wird über eine Leitung in das System geführt, das alle drei Instrumente mit dem **statischen Druck** versorgt. Konstruktiv bedingte Fehler der statischen und/oder dynamischen Druckabnahmestellen am Luftfahrzeug sind dem Flughandbuch zu entnehmen und bei allen Berechnungen zu berücksichtigen.

Merke: Die kleinen Öffnungen für die statische Druckentnahme an den Rumpfseiten und die Staurohröffnung müssen unbedingt bei jeder Vorflugkontrolle gründlich auf Sauberkeit geprüft werden!

Verstopfte oder **teilweise verstopfte Öffnungen** können **fehlerhafte Instrumentenanzeigen** verursachen! Sollten bei der Vorflugkontrolle Unsauberkeiten oder gar Verstopfungen festgestellt werden, so ist es unerlässlich, dass die Öffnungen sofort gereinigt werden – am besten durch einen Flugzeugmechaniker. Niemals aber darf in diese Öffnungen hineingeblasen oder daran gesaugt werden! Dabei kann ein jedes der dort angeschlossenen Druckinstrumente (Fahrtmesser, Höhenmesser und Variometer) beschädigt werden!

1.1 Der Fahrtmesser (Airspeed Indicator)

Der Fahrtmesser ist ein sehr empfindliches **Druckdifferenz-Messinstrument,** das den Unterschied zwischen dem vom Staurohr kommenden

- **Gesamtdruck** (statischer Druck und Staudruck)

und dem

- **statischen Druck** (Luftdruck der Umgebungsluft in der Flughöhe des Flugzeugs) misst und als Fluggeschwindigkeit auf einer geeichten Skala zur Anzeige bringt (siehe Bild 1.2).

Der **Fahrtmesser** – mit beiden Systemteilen (statische und Staudruckleitung) verbunden – reagiert sofort auf jede **Änderung zwischen Gesamtdruck** (der in das Staurohr eindringt) **und statischem Druck.**

Merke: Je größer die Differenz zwischen Gesamtdruck und statischem Druck ist, umso größer ist auch die Fahrtmesseranzeige!

Steht ein Flugzeug bei **ruhigem Wetter** am Boden, so herrscht in **beiden Systemteilen nur der statische Druck** (Luftdruck der Umgebungsluft). In beiden Leitungen ist der Druck also **gleich;** somit besteht keine Differenz und der Fahrtmesser zeigt daher den Geschwindigkeitswert **Null** an.

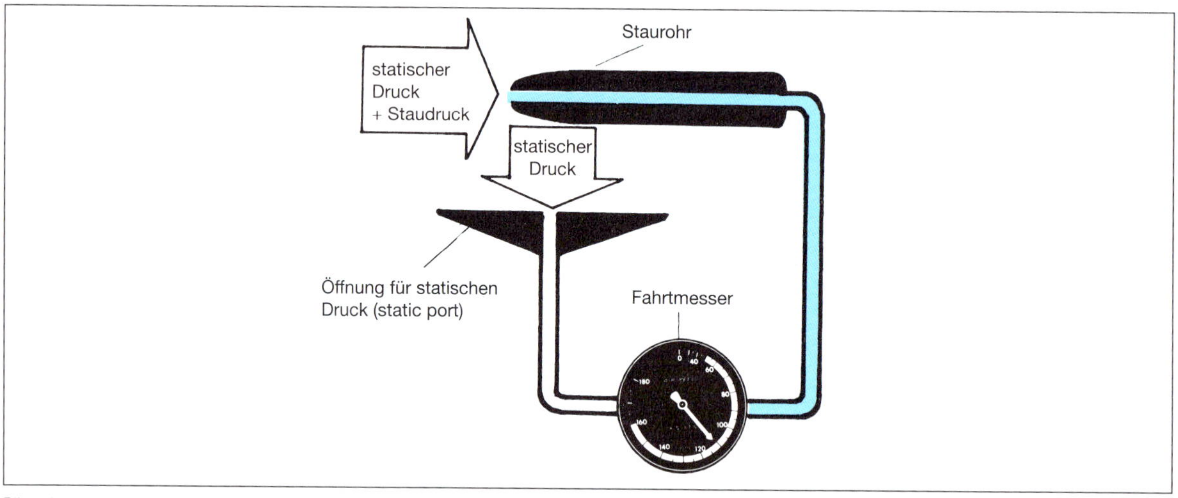

Bild 1.2 Der Fahrtmesser zeigt den Druckunterschied zwischen Gesamtdruck und statischem Druck an.

Im Fluge wird der Druck in der Staudruckleitung **(Gesamtdruck)** natürlich **größer** als der **statische Druck** im statischen Systemteil. Diese Druckdifferenz wird – wie schon erwähnt – genau gemessen und in eine Fahrtmesseranzeige (Knoten, MPH oder km/h) umgewandelt.

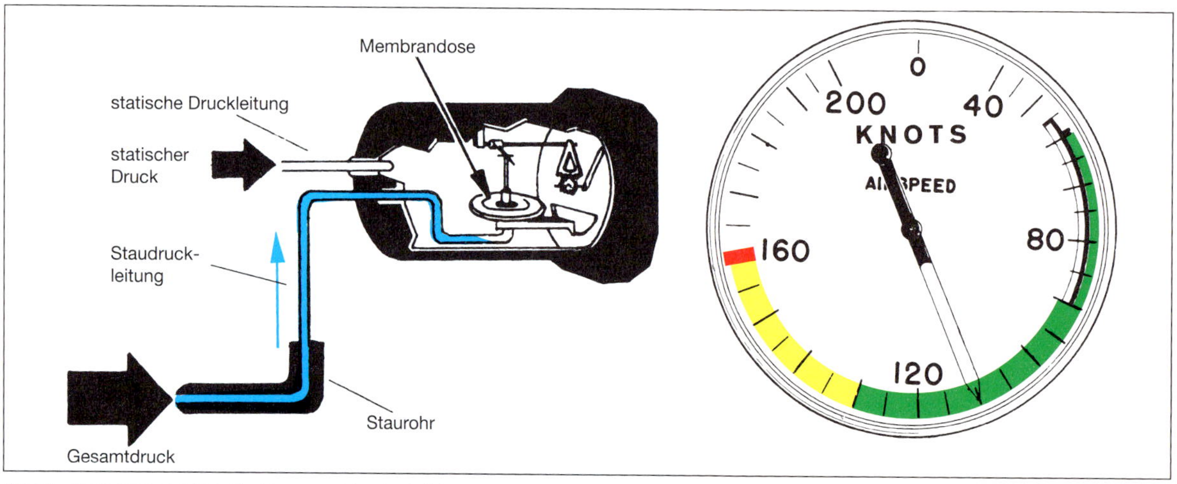

Bild 1.3 Der Fahrtmesser (Schnittzeichnung und Anzeigeskala)

Das **luftdichte Gehäuse** des Fahrtmessers ist mit der **statischen Druckleitung** verbunden. Im Inneren des Gehäuses finden wir eine kleine, **mit der Staudruckleitung verbundene Membrandose,** die sehr empfindlich auf **Druckunterschiede** reagiert.

Die **Anzeigenadel** des Fahrtmessers ist – durch ein Übertragungssystem aus kleinen Hebeln und Zahnrädchen – an die Membrandose angeschlossen. Da diese Dose mit der Staudruckleitung verbunden ist, dehnt sie sich bei jeder Gesamtdruckerhöhung (Geschwindigkeitserhöhung) aus. Diese **Ausdehnung (Expansion) bei Geschwindigkeitserhöhung** oder **Zusammenziehung (Kontraktion) der Dose bei Fahrtverringerung** wird durch das Übertragungssystem an die Anzeigenadel übermittelt und auf einer Skala als Fluggeschwindigkeitsanzeige dargestellt, wobei die Skala entweder in Knoten (kt), MPH oder km/h geeicht sein kann (siehe Bild 1.3).

Mit anderen Worten: Die Anzeigeskala des Fahrtmessers ist so ausgelegt, dass die Nadel die **Druckdifferenz** zwischen Gesamtdruck und statischem Druck als Geschwindigkeit des Flugzeugs anzeigt, je nach Instrument in Knoten, MPH oder km/h.

1.1.1 Arten von Fluggeschwindigkeiten

Als Privatflugzeugführer müssen wir **drei Arten von Fluggeschwindigkeiten** unterscheiden lernen (es gibt noch mehr Arten):

- **IAS** (**I**ndicated **A**irspeed) = angezeigte Eigengeschwindigkeit,
- **CAS** (**C**alibrated **A**irspeed) = berichtigte Eigengeschwindigkeit,
- **TAS** (**T**rue **A**irspeed) = wahre Eigengeschwindigkeit.

a) Die angezeigte Eigengeschwindigkeit IAS (Indicated Airspeed)

Die angezeigte Eigengeschwindigkeit **(IAS)** lesen wir direkt vom Fahrtmesser ab. Sie ist leider mit einigen Fehlern behaftet und entspricht daher nicht der wahren Eigengeschwindigkeit **(TAS).** Folgende Faktoren **verfälschen** die **Fahrtmesseranzeige** zum Teil beträchtlich:

- **Dichteänderungen in der Atmosphäre** (siehe unter c) „Die wahre Eigengeschwindigkeit **TAS**"),
- **Installationsfehler** (siehe unter b) „Die berichtigte Eigengeschwindigkeit **CAS**"),
- **Instrumentenfehler** (siehe ebenfalls unter b)).

Die beiden zuletzt genannten Fehler werden auch **Systemfehler** genannt.

b) Die berichtigte Eigengeschwindigkeit CAS (Calibrated Airspeed)

Diese so genannte **berichtigte Eigengeschwindigkeit (CAS)** ist die um den **Installationsfehler** und **Instrumentenfehler (Systemfehler) verbesserte IAS.**

Obwohl unsere Flugzeug- und Instrumentenhersteller bemüht sind, diese Fehler so klein wie möglich zu halten, ist es nicht möglich, sie ganz auszuschalten. **Fehlanzeigen** von mehreren Knoten (kt) treten **besonders** im **Langsamflug** (größerer Anstellwinkel) mit bestimmten Landeklappenstellungen auf (siehe Bild 1.4). Der Fahrtmesser zeigt dann **zu wenig Fahrt** an!

Die Flugzeughersteller veröffentlichen deshalb **Korrekturtabellen** im Flughandbuch (vgl. Kapitel 4 „Flugleistungen und Flughandbuch"), die dem Flugzeugführer genaue Auskunft über die Differenz zwischen **IAS** und **CAS** geben. Eine solche Tabelle könnte wie folgt aussehen:

Angezeigte (IAS) und berichtigte Eigengeschwindigkeit (CAS)							
Klappen 0° (eingefahren)							
IAS	**kt**	60	80	100	120	140	160
CAS	**kt**	66	79	98	117	137	158
Klappen 20°							
IAS	**kt**	40	55	60	70	80	90
CAS	**kt**	55	61	67	73	81	91
Klappen 40°							
IAS	**kt**	40	50	60	70	80	90
CAS	**kt**	56	62	65	74	82	92

Bild 1.4 Korrekturtabelle IAS/CAS

Im **Hochgeschwindigkeitsbereich** (Reiseflug, Klappen eingefahren) sind **IAS** und **CAS** im Normalfall fast gleich.

Wir merken uns: Größere Differenzen zwischen **IAS (angezeigte Eigengeschwindigkeit)** und **CAS (berichtigte Eigengeschwindigkeit)** treten immer dann auf, wenn das Flugzeug mit einem größeren Anstellwinkel im Langsamflugbereich und mit ausgefahrenen – oder teilweise ausgefahrenen – Landeklappen geflogen wird (Start und Landeanflug). Die Druckverteilung im Bereich des Flugzeugs weist bei solchen Flugzuständen beträchtliche Unterschiede auf, die neben dem – meist sehr kleinen – Instrumentenfehler die **Fehlanzeigen** verursachen.

Die **Fluggeschwindigkeitsbegrenzungen** auf unseren **farbig markierten Fahrtmessern** (auf die wir später noch eingehen werden) und auf den **Hinweisschildern** im Cockpit sind **berichtigte Eigengeschwindigkeiten (CAS).**

In manchen Flughandbüchern und auf Navigationsrechnern (ARISTO-AVIAT) wird die **CAS** auch als **RAS** (**R**ectified **A**ir**s**peed) bezeichnet. Es ist also **RAS = CAS!**

c) Die wahre Eigengeschwindigkeit TAS (True Airspeed)

Unser Fahrtmesser ist nach den Werten der **ICAO-Standardatmosphäre** in Meereshöhe (MSL/NN) geeicht. Er kann deshalb die wahre Eigengeschwindigkeit nur dann richtig anzeigen (wir vernachlässigen hier einmal Instrumenten- und Installationsfehler), wenn das Flugzeug **in Meereshöhe bei Standardbedingungen** fliegt. Wir erinnern uns noch einmal an die für uns wichtigen Werte der **ICAO-Standardatmosphäre** aus Band 2, Grundlagen der Flugwetterkunde, Abschnitt 2.7 „Die Normatmosphäre (ICAO-Standardatmosphäre)“:

- Luftdruck in NN/MSL: 1 013,25 hPa (29,92 inches Hg)
- Lufttemperatur in NN/MSL: 15 °C
- Luftdichte in NN/MSL: 1,225 kg/m^3

Der Fahrtmesser kann Dichteänderungen (= Temperaturänderungen) in der Atmosphäre, die ja mit zunehmender Höhe (auch bei Standardbedingungen in Meereshöhe) immer vorhanden sind, nicht berücksichtigen.

Da mit zunehmender Höhe die Luftdichte (der Luftdruck) abnimmt, müsste das Flugzeug in größerer Höhe schneller fliegen, damit etwa dieselbe Druckdifferenz zwischen Gesamtdruck (Staurohr) und statischem Druck (= Fahrtmesseranzeige) wie in MSL entstehen kann. Aus diesem Grunde können wir während des Fluges die wahre Eigengeschwindigkeit **(TAS)** nicht direkt vom Fahrtmesser ablesen!

Die **angezeigte Geschwindigkeit (IAS)** wird **mit zunehmender Höhe** im Vergleich zur **wahren Eigengeschwindigkeit (TAS) immer kleiner** – oder besser ausgedrückt – der Fahrtmesser zeigt mit zunehmender Höhe **zu wenig** an. Diesen Anzeigefehler können wir auf **zwei Arten** schnell und einfach selbst korrigieren:

1. Mit einer Faustregel:

Der Fahrtmesser zeigt pro 1 000 ft Höhe ca. 2 % zu wenig an! Diese um 2 % zu geringe Anzeige pro 1 000 ft muss zur Fahrtanzeige hinzu addiert werden!

Beispiel:

IAS: (0,1)	100 kt	**Lösung:** 2 % x 5 =	10	%
Flughöhe:	5 000 ft	100 x 0,1 =	10	
TAS: **TAS**	?	100 + 10 =	**110**	**kt**

Diese Faustregel hat für die Praxis in der Privat- und Sportfliegerei eine ausreichende Genauigkeit.

2. Mit dem Navigationsrechner (z. B. ARISTO-AVIAT):

Zur Bestimmung der **TAS** mit dem Navigationsrechner während des Fluges müssen wir unseren **Höhenmesser** (für einen Moment) auf den **Standardluftdruck in MSL** – also 1 013,25 hPa – einstellen und die daraus resultierende **Druckhöhe** (so genannte **pressure altitude**) ablesen.

Dann lesen wir die **Außenlufttemperatur OAT** (= **O**utside **A**ir **T**emperature) auf dem Außenluftthermometer ab.

Anmerkung: Würden wir eine Fluggeschwindigkeit von mehr als 200 kt erreichen, dann müsste die abgelesene **OAT** wegen der nun verstärkt auftretenden **Kompressibilitätserwärmung** (das Thermometer zeigt eine zu hohe Temperatur an) berichtigt werden. Das kann mit der Doppelskala „TEMP. CORR.“ (Temperatur-Korrektur) auf der Vorderseite des Rechners leicht durchgeführt werden. Der ermittelte Korrekturwert ist von der angezeigten Temperatur abzuziehen. Eine auf diese Art berichtigte Temperatur wird **COAT** (= **C**orrected **O**utside **A**ir **T**emperature) genannt.

Da die von Sport- und Privatfliegern geflogenen Flugzeuge jedoch fast alle langsamer als 200 kt fliegen, brauchen wir diese Korrektur nicht durchzuführen.

- Die beiden ermittelten Werte **Druckhöhe (pressure altitude)** und **OAT/COAT** setzen wir jetzt in dem **roten Ausschnitt** „airspeed" auf der Vorderseite des Rechners übereinander!
- Die **wahre Eigengeschwindigkeit (TAS)** kann nun sofort **auf dem Außenring über der CAS/RAS** (Innenring) abgelesen werden!

Ist eine Korrekturtabelle **IAS – CAS/RAS** (siehe Bild 1.4) nicht verfügbar, so nehmen wir einfach die IAS (angezeigte Eigengeschwindigkeit) für die Bestimmung der TAS auf dem Navigationsrechner. Der hierbei im Reiseflug auftretende Fehler ist meist so gering, dass er für die Praxis keine Bedeutung hat (siehe b) „CAS/RAS").

Ein Übungsbeispiel (zur Überprüfung auf Ihrem Rechner):

Gegeben:

1. Druckhöhe (pressure altitude): 5 500 ft
2. Außenlufttemperatur in dieser Höhe (**OAT** = **O**utside **A**ir **T**emperature): +10 °C
3. Berichtigte Eigengeschwindigkeit (CAS/RAS) oder angezeigte Eigengeschwindigkeit (IAS): 120 kt

Gesucht: Wahre Eigengeschwindigkeit (TAS)

Lösung:

1. Setze in den roten Ausschnitt „airspeed" auf der Vorderseite des Rechners die **OAT (COAT) +10 °C genau gegenüber der Druckhöhe in Fuß (5 500 ft).**
2. Lies die **wahre Eigengeschwindigkeit (TAS) auf dem Außenring** des Rechners genau über der **CAS/RAS** (120 kt) auf der Innenscheibe ab.
3. **Ergebnis: TAS = 132 kt**

IAS	**I**ndicated **Airs**peed = angezeigte Eigengeschwindigkeit
Korrektur:	Instrumenten- und Installationsfehler
CAS oder **RAS**	**C**alibrated **Airs**peed = berichtigte Eigengeschwindigkeit **R**ectified **Airs**peed = berichtigte Eigengeschwindigkeit
über 200 kt Geschwindigkeit Korrektur:	Geschwindigkeits- und höhenabhängige Kompressibilität der Luft; die Korrektur erfolgt nach Tabellen!
EAS	**E**quivalent **Airs**peed = äquivalente Eigengeschwindigkeit
Korrektur:	Druck- und Temperaturkorrektur
TAS	**T**rue **Airs**peed = wahre Eigengeschwindigkeit

Bild 1.5 Die verschiedenen Fluggeschwindigkeiten

1.1.2 Die farbigen Markierungen auf der Fahrtmesser-Anzeigeskala (Geschwindigkeitsbegrenzungen)

Alle neuen Flugzeuge bis 5 700 kg haben Fahrtmesser mit sehr übersichtlichen Farbmarkierungen (weiß, grün, gelb und rot), die dem Flugzeugführer alle wichtigen Geschwindigkeitsbegrenzungen für den sicheren Betrieb des Luftfahrzeugmusters auf den ersten Blick zeigen. Es ist deshalb unerlässlich, dass wir uns mit diesen Markierungen genauestens vertraut machen (siehe Bild 1.6 und Erklärungen dazu)!

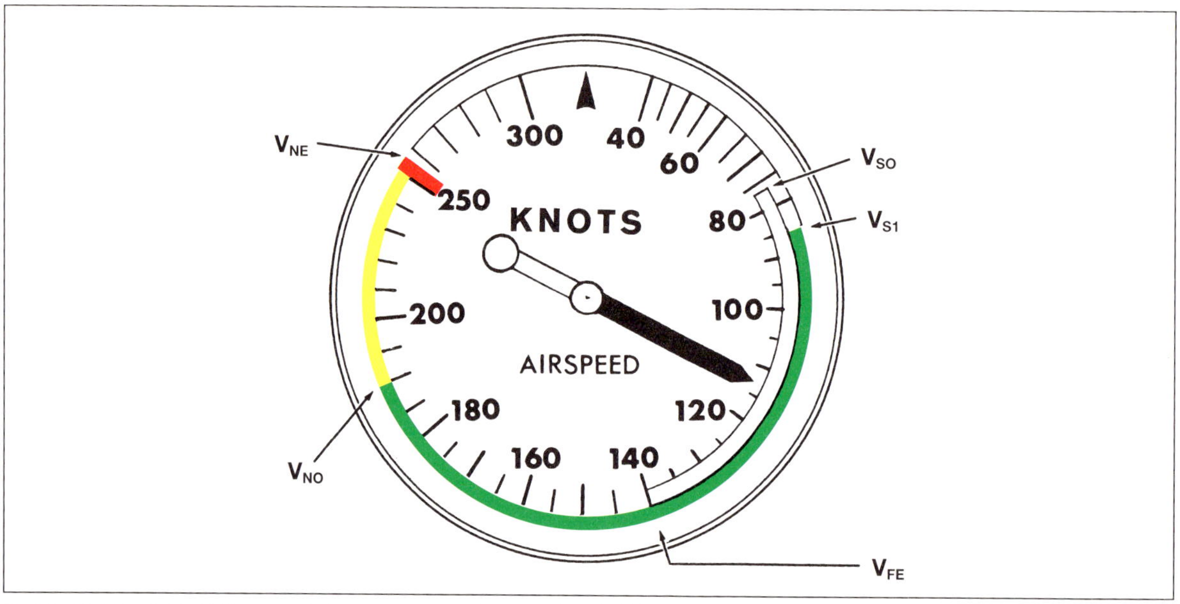

Bild 1.6 Die farbig markierten Geschwindigkeitsbegrenzungen auf der Anzeigeskala des Fahrtmessers

Erklärungen zu Bild 1.6:

- **Weißer Bogen:** Zulässiger Bereich zur Betätigung der Landeklappen!
- **Anfang des weißen Bogens (V_{SO}):** Überziehgeschwindigkeit ohne Gas (Leerlauf), Landeklappen und Fahrwerk ausgefahren (Landekonfiguration)!
  V_{SO} = Stalling speed, power-off, wing flaps and landing gear extended
- **Ende des weißen Bogens (V_{FE}):** Höchstzulässige Geschwindigkeit mit ausgefahrenen Landeklappen!
  V_{FE} = Maximum flaps extended speed
- **Grüner Bogen:** Normaler Betriebsbereich!
- **Anfang des grünen Bogens (V_{S1}):** Überziehgeschwindigkeit ohne Gas (Leerlauf), Landeklappen und Fahrwerk eingefahren (clean configuration)!
  V_{S1} = Stalling speed, power-off, clean configuration
- **Ende des grünen Bogens (V_{NO}):** Höchstzulässige Reisegeschwindigkeit!
  V_{NO} = Maximum structural cruising speed
- **Gelber Bogen:** Vorsichtsbereich (caution range)!

  Merke: In diesen Bereich nur bei ruhiger Luft einfliegen!

- **Roter Strich am Ende des gelben Bogens (V_{NE}):** **Höchstzulässige Geschwindigkeit in ruhiger Luft!**
  V_{NE} = Never-exceed speed

  Merke: Die V_{NE} darf niemals beabsichtigt überschritten werden!

1.1.3 Andere wichtige Geschwindigkeitsbegrenzungen

Neben den eben erwähnten Geschwindigkeitsbegrenzungen gibt es noch andere (ebenso wichtige), die auf der Fahrtmesserskala nicht besonders markiert sind. Solche Geschwindigkeiten finden wir auf Hinweisschildern in der Kabine oder im Flughandbuch.

Die wichtigste dieser nicht auf dem Fahrtmesser markierten Fluggeschwindigkeiten ist die so genannte **Manövergeschwindigkeit V_A** (maneuvering speed). Es ist die **maximale Fluggeschwindigkeit** für Flüge in **starker Turbulenz** und für **abrupte Flugmanöver,** die mit vollem Ruderausschlag geflogen werden. Treffen wir während des Reisefluges (im Schnellflugbereich) **starke Turbulenz** an, dann müssen wir **sofort** auf die im Flughandbuch vorgeschriebene Manövergeschwindigkeit **(V_A) reduzieren,** um zu vermeiden, dass die Belastung über die **höchstzulässigen Werte** hinauswächst (vgl. auch Band 1, Technik I, Abschnitt 6.1 „Das Lastvielfache")!

Man kann die Manövergeschwindigkeit V_A auch mit einer **Faustformel** selbst bestimmen, indem man die normale Überziehgeschwindigkeit V_{S1} (Reiseflugkonfiguration, Klappen und Fahrwerk eingefahren) mit dem Wert 1,7 multipliziert.

$$V_A = V_{S1} \times 1{,}7$$

Die Berechnung der Manövergeschwindigkeit mit dieser Faustregel liegt immer auf der sicheren Seite.

Andere wichtige Fluggeschwindigkeiten sind:

- **V_{LO}** Höchstzulässige Geschwindigkeit zum Aus- oder Einfahren des Fahrwerks **(maximum landing gear operating speed)!**
- **V_X** Geschwindigkeit für besten Steigwinkel **(speed for best angle of climb)!**

  Merke: Wichtig bei Starts von kurzen Plätzen mit Hindernissen im Abflugsektor!

- **V_Y** Geschwindigkeit für bestes Steigen **(Steigrate – speed for best rate of climb)**

  Merke: Bei dieser Geschwindigkeit erreicht das Flugzeug die größtmögliche Höhe in einer bestimmten Zeit (vgl. auch Kapitel 4 „Flugleistungen und Flughandbuch")!

1.2 Der Höhenmesser (Altimeter)

Der **barometrische Höhenmesser** in unseren Flugzeugen ist im Prinzip nichts anderes als ein **Barometer (Luftdruckmesser)**, das den **Luftdruck** (statischen Druck) der Umgebungsluft in der **Flughöhe** des Flugzeugs **misst** und diesen Wert als **Höhe über einer bestimmten Bezugsfläche anzeigt.** Anstelle der beim normalen Barometer üblichen Druckanzeigeskala in Hektopascal (hPa) oder Millimeter Quecksilbersäule (mm hg) hat der Höhenmesser des Flugzeugs eine in **Fuß** (ft) oder in **Meter** (m) **geeichte Höhenanzeigeskala**, die dem Flugzeugführer den **gemessenen Druckwert** als **Höhe** in Fuß oder Meter (z. B. über NN) darstellt. Solche **Höheninformationen** sind für eine **sichere Flugzeugführung** aus zwei Gründen (ganz abgesehen von der Notwendigkeit, seinen Abstand zum Boden zu kennen) **unerlässlich:**

- **Einhaltung** von vorgeschriebenen **Sicherheitsmindesthöhen** (Boden- und Hindernisfreiheit, vgl. § 6, LuftVO);
- **Höhenmäßige Staffelung** von Luftfahrzeugen zur Verhinderung von Zusammenstößen (vgl. § 31, Abs. 2, LuftVO und LuftVO Anlage 3).

1.2.1 Arbeitsweise des Höhenmessers

Aus Band 2 „Grundlagen der Flugwetterkunde" ist uns bekannt, dass die atmosphärische Luft ein **kompressibles** (zusammendrückbares) **Gas** ist, das der Schwerkraft der Erde unterliegt. Aufgrund ihres Eigengewichts ist die Luft in den unteren Schichten sehr viel dichter als in größeren Höhen. Der Luftdruck nimmt mit zunehmender Höhe gesetzmäßig ab. Er verringert sich – wie wir gelernt haben – etwa alle 5 500 Meter (18 000 ft) um die Hälfte des vorhergehenden Wertes:

- MSL (NN) – ca. 1 000 hPa (1 013,2 hPa)
- 18 000 ft MSL – ca. 500 hPa
- 36 000 ft MSL – ca. 225 hPa

usw. – usw.

Aus dieser gesetzmäßigen Abnahme des Luftdrucks mit zunehmender Höhe lässt sich leicht erkennen, dass zu **jeder** beliebigen **Höhe** ein **bestimmter Luftdruckwert** gehört.

Fuß (ft)	**Druck hPa**	**Temp. °C**	**Fuß (ft)**	**Druck hPa**	**Temp. °C**
MSL/NN	1013,2	15	9000	724	–3
1000	977	13	10000	697	–5
2000	942	11	15000	572	–15
3000	908	9	18000	506	–21
4000	875	7	20000	466	–25
5000	843	5	25000	376	–35
6000	812	3	30000	301	–45
7000	782	1	35000	238	–55
8000	752	–1			

Bild 1.7 Druck- und Temperaturtabelle (ICAO-Normatmosphäre)

Bevor wir nun auf die eigentliche Arbeitsweise des Höhenmessers übergehen, muss noch ein Begriff klargestellt werden, der in der Fachsprache als **„Barometrische Höhenstufe“** bezeichnet wird. Man kann diesen Begriff kurz so erläutern:

- **Die „Barometrische Höhenstufe“ ist die Höhenänderung, die bei 1 hPa Druckänderung auftritt!**

Der Luftdruck nimmt mit der Höhe **nicht gleichmäßig,** sondern zuerst schneller und dann langsamer ab. Es handelt sich um eine logarithmische Abnahme, die sich mit der **barometrischen Höhenformel,** auf die wir an dieser Stelle nicht näher eingehen wollen, leicht beweisen lässt.

Aus dieser recht komplizierten Höhenformel lässt sich auch die für uns wichtige Tatsache ableiten, dass sich der **vertikale Abstand** zwischen zwei benachbarten Druckflächen **mit zunehmender Höhe** nach folgender Tabelle **vergrößert:**

Höhe ft (m)	**Druck hPa**	**Höhenstufe ft (m)**
36000 ft (11000 m)	ca. 250 hPa	**120 ft (32 m)**
18000 ft (5500 m)	ca. 500 hPa	**60 ft (16 m)**
MSL 0 ft (0 m)	ca. 1000 hPa	**30 ft (8 m)**

Bild 1.8 Die „Barometrische Höhenstufe“

Der Tabelle können wir entnehmen, dass der **Luftdruck** sich jeweils nach 18 000 ft (5 500 m) Höhe **halbiert,** während die **„Barometrische Höhenstufe“** sich **verdoppelt.**

Merke: Die „Barometrische Höhenstufe“ ist keine Konstante, sondern sie nimmt mit der Höhe kontinuierlich zu!

Man müsste eigentlich – um genau zu sein – für jede Höhe die barometrische Höhenstufe gesondert ausrechnen. Für die Praxis gilt jedoch folgende **Faustregel:**

- **In den unteren Höhen (bis ca. 6 000 ft) kann man davon ausgehen, dass die „Barometrische Höhenstufe“ im Mittel 30 Fuß (8 m) beträgt! Folglich ist hier bei 1 hPa Druckänderung mit einer Höhenänderung von 30 Fuß (8 m) zu rechnen!**

Doch nun zur Funktionsweise des Höhenmessers:

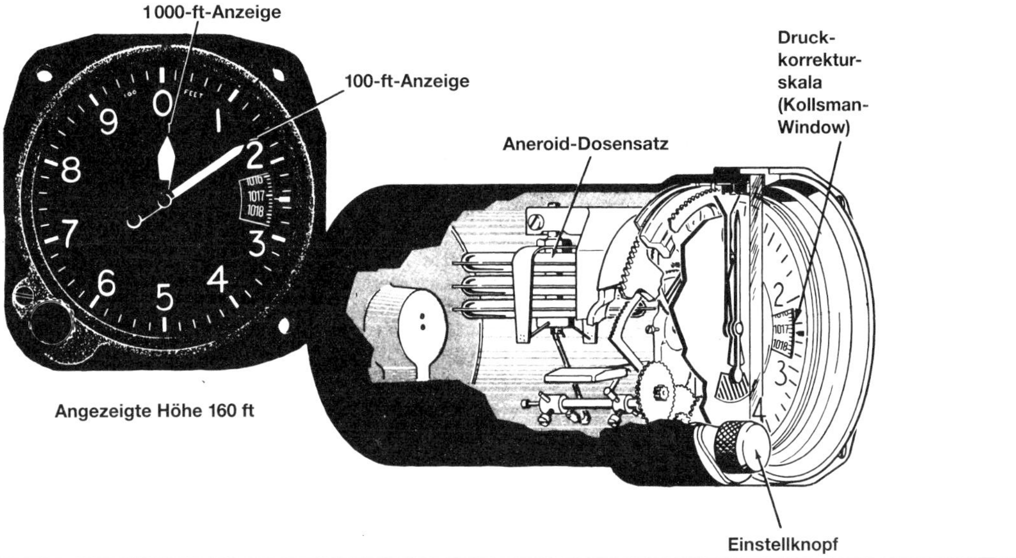

Bild 1.9 Der Höhenmesser

Hauptbauteil des Höhenmessers ist ein übereinander angeordneter, so genannter **Aneroid-Dosensatz,** der aus dünnwandigen, nahezu luftleeren Metalldosen besteht, die sich bei **Luftdruckänderungen** entweder **zusammenziehen** oder **ausdehnen.** Das **luftdichte Gehäuse,** in dem sich der Dosensatz befindet, ist mit der **statischen Druckleitung verbunden.**

Der Dosensatz nimmt in jeder Höhe (Druckfläche) den dem statischen Druck dieser Höhe entsprechenden Umfang an. Mit **zunehmender Höhe** (= abnehmender Druck) **dehnen sich** die Aneroiddosen aus. Bei **zunehmendem Luftdruck** (= Höhenabnahme im Sinkflug) wird der Dosensatz **zusammengedrückt.** Die aus solchen Luftdruckänderungen resultierenden Bewegungen der Dosen werden **„Dosenhub"** genannt. Dieser Dosenhub wird über ein kleines Hebelwerk, Zahnstangen und Zahnrädchen **an die Zeiger** des Höhenmessers **weitergeleitet** (siehe Bild 1.9). So kann jede **Luftdruckänderung** als **Höhenänderung** in Fuß abgelesen werden. Allerdings bleibt die Dosenbewegung gegenüber der Luftdruckänderung etwas zurück. Diese Tatsache wird als **Hysterese (Nachhinken)** bezeichnet. Sie ist sowohl auf die innere (molekulare) Reibung des Dosenmaterials, als auch auf die äußere Reibung der beweglichen Bauteile des Hebelwerks mit den Zahnstangen und Zahnrädchen zurückzuführen. Ändert sich der Druck (die Ursache), dann bewegen sich weder die Membrandose noch die Gelenkteile sofort. Erst wenn die durch die Druckänderung entstandene Bewegungskraft so groß geworden ist, dass sowohl innere als auch äußere Reibung überwunden wird, beginnt eine Bewegung. Die Anzeige hinkt deshalb hinter der tatsächlichen Höhenänderung her. Ändert sich der Druck nach Erreichen des Höchstwertes wieder nach unten, dann wird erst die Formänderung der Teile auf Null abgebaut **(Elastizitätsfehler)** und dann tritt die **Hysterese (Nachhinken)** in entgegengesetzter Richtung in Erscheinung, bis die Anzeige sich zu ändern beginnt.

Die **Hysterese** kann durch „Klopfen" am Instrument verkleinert werden, weil dadurch die große Reibung der Ruhe in die kleine Reibung der Bewegung verwandelt wird. Es werden zu diesem Zweck in das Instrument **Klopfer oder Summer** eingebaut, die den Zweck haben, die **Hysterese** zu verkleinern und das Ansprechen des Höhenmessers auf Druckänderung zu beschleunigen.

Wegen der temperaturbedingten Fehlanzeige des mechanischen Höhenmessers ist eine Temperaturkompension im Höhenmesser vorgesehen, die bewirkt, dass die Ausdehnung der Werkstoffe bei Temperaturänderungen ausgeglichen wird.

Vor allem betrifft es die Membrandose, die sich, wie bereits erwähnt, bei niedrigen Temperaturen zusammenzieht und bei hohen Temperaturen ausdehnt.

Da unser Höhenmesser – wie wir eben gesehen haben – nicht unterscheiden kann zwischen **Höhenänderungen des Flugzeugs** und **Luftdruckänderungen** (Änderungen des statischen Drucks) in der Atmosphäre, ist er mit einer **barometrischen Korrektureinrichtung** versehen, die **Fehlanzeigen** aufgrund von Luftdruckschwankungen (Hoch/Tief) ausschalten soll. Diese Einrichtung besteht aus

- einem **Einstellknopf** und einer **Druckkorrekturskala** (Nebenskala; Kollsman-Window).

Mit Hilfe dieser barometrischen Korrektureinrichtung können wir vor dem Start einen **bestimmten Luftdruckwert** mit dem Einstellknopf auf der **Druckkorrekturskala einstellen.** Der Höhenmesser zeigt jetzt jede Abweichung von diesem eingestellten Luftdruckwert (= Bezugsdruckfläche) als Höhenänderung an. Befindet sich der Höhenmesser in der Höhe der

Bezugsdruckfläche **(= eingestellter Luftdruckwert),** so zeigt er Null Fuß Höhe an. Daraus ergeben sich für uns zwei wichtige Regeln:

Erste Regel:
Der Höhenmesser zeigt immer die Höhe über der Druckfläche an, deren Wert auf der Druckkorrekturskala (Kollsman-Window) eingestellt ist!

Zweite Regel:
Der Höhenmesser zeigt immer dann den Höhenwert Null an, wenn er sich in der Höhe der Druckfläche befindet, deren Wert auf der Druckkorrekturskala (Kollsman-Window) eingestellt ist!

Haben wir z. B. vor dem Start den **aktuellen Luftdruckwert in Meereshöhe** (NN oder MSL) als Bezugsdruckwert (Bezugsdruckfläche) eingestellt, so zeigt uns der Höhenmesser während des Fluges ständig alle Höhen in Fuß **über NN** (oder **MSL** = **M**ean **S**ea **L**evel) an. Landen wir mit dieser Druckeinstellung auf einem Flugplatz, der auf Meeresniveau liegt, so zeigt der Höhenmesser – vorausgesetzt der Druck hat sich nicht geändert – nach der Landung Null Fuß Höhe an (vgl. Abschnitt 1.2.3 „Höhenmessereinstellung“).

1.2.2 Anzeigefehler des Höhenmessers

Unser Höhenmesser zeigt Höhen **nur dann richtig** an, wenn die Druck- und Temperaturverteilung in der Atmosphäre den Werten der **ICAO-Normatmosphäre** (Standardatmosphäre) **entsprechen.** Das hat seinen guten Grund:

- Alle Flugzeughöhenmesser sind nach den Werten der ICAO-Normatmosphäre geeicht!

Weichen nun Druck oder Temperatur von diesen Standardwerten ab (das ist fast immer der Fall!), dann stimmt die angezeigte Höhe nicht und wir müssen sie berichtigen!

Solche **Anzeigefehler** können folgende Ursachen haben:

- Der tatsächliche Luftdruck in MSL stimmt nicht mit dem Standarddruckwert 1 013,2 hPa überein (vgl. Abschnitt 1.2.2.1 „Auswirkung von Druckabweichungen vom Standarddruckwert“).
- Die Temperaturverteilung weicht von den Standardwerten ab (vgl. Abschnitt 1.2.2.2 „Auswirkung von Temperaturabweichungen von den Standardwerten“).

1.2.2.1 Auswirkung von Druckabweichungen vom Standarddruckwert (1 013,2 hPa)

Anzeigefehler, die durch Abweichen des tatsächlichen Luftdrucks in Meereshöhe vom Standarddruckwert 1 013,2 hPa auftreten, können wir sofort durch **Einstellen** des **richtigen Luftdrucks in MSL im Kollsman-Window** (Einstellfensterchen mit Korrekturskala) mittels des Verstellknopfes am Höhenmesser berichtigen. Die Berichtigung dieses Fehlers bereitet also keine Schwierigkeiten!

- Ist diese **Korrektur** mit der barometrischen Korrektureinrichtung (Verstellknopf und Korrekturskala) **durchgeführt,** so zeigt der Höhenmesser in **Meereshöhe** (= eingestellte Druckfläche) den Höhenwert **Null** an.
- Nehmen wir die **Korrektur** des Luftdrucks **auf einem Flugplatz** vor, der **über** dem Meeresspiegel liegt, so zeigt uns der Höhenmesser genau die **Platzhöhe über MSL** (= eingestellte Druckfläche) an.

Voraussetzung für eine **fehlerfreie Anzeige** nach der Luftdruckberichtigung ist natürlich, dass in der Atmosphäre die **Temperaturverhältnisse** den **Standardbedingungen** entsprechen. Ist das nicht der Fall, dann tritt ein neuer Fehler auf, der im nächsten Abschnitt (1.2.2.2 „Auswirkung von Temperaturabweichungen von den Standardwerten“) behandelt wird.

Obwohl wir unseren Höhenmesser vor jedem Start auf den richtigen Luftdruckwert (es sollte der QNH-Wert des nächstgelegenen Flugplatzes mit Flugverkehrskontrolle sein) einstellen, kann er uns bei größeren **Überlandflügen beträchtliche** – zum Teil gefährliche – **Fehlanzeigen** präsentieren, wenn **unterwegs keine Luftdruckberichtigung** mehr durchgeführt wird.

Wie ist das möglich?

Ganz einfach: Da der Höhenmesser **nur die Höhe** (in der Standardatmosphäre) **über** der **eingestellten** Hektopascal-Fläche anzeigen kann, ergeben sich – **bei örtlichen oder zeitlichen Luftdruckänderungen** – **falsche Höhenanzeigen.**

Ein Beispiel: Fliegen wir mit einer bestimmten Höhenmessereinstellung (1 020 hPa; siehe Bild 1.10) in ein Gebiet tieferen Drucks – 1 010 hPa – ein, dann nähert sich das Flugzeug langsam dem **Meeresspiegel** (MSL) **in dem Maße,** wie die auf dem Höhenmesser eingestellte Bezugsdruckfläche **unter das Meeresniveau absinkt.** Die folgende Abbildung soll diese – unter Umständen gefährliche – Situation verdeutlichen:

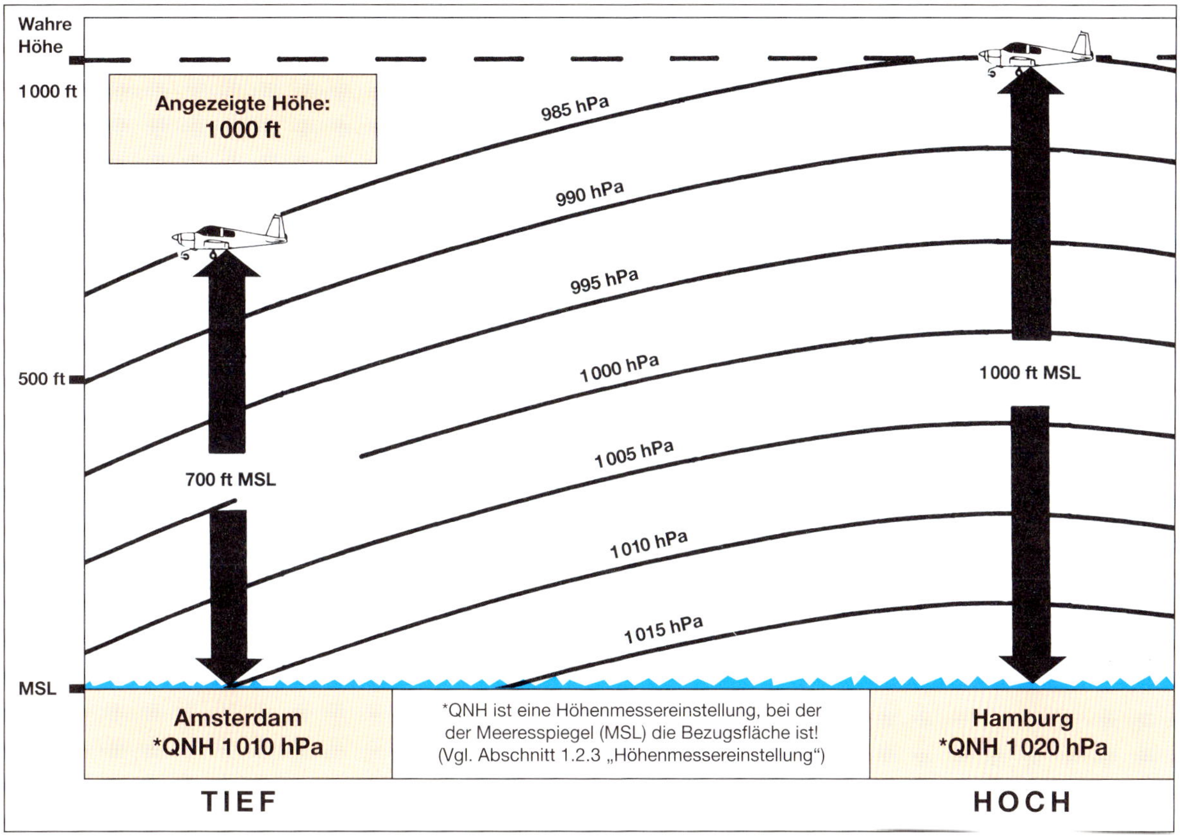

Bild 1.10 Höhenmesserfehlanzeige durch Luftdruckänderung auf der Strecke (Hoch–Tief)

Wird der Höhenmesser unterwegs vom Flugzeugführer **nicht** auf den **neuen QNH-Wert** (1 010 hPa in Amsterdam) eingestellt, so erreicht das Flugzeug den Zielort **300 ft tiefer als** auf dem Höhenmesser **angezeigt.** Man kann auch sagen: Die **Anzeige** des Höhenmessers ist **zu hoch!**

Dies ist besonders dann gefährlich, wenn **Bodenhindernisse** auf der Flugstrecke liegen und wenn im Gebiet tieferen Drucks schlechte Sicht und tiefe Wolkenuntergrenzen herrschen.

Merke: Vom Hoch ins Tief geht's schief!

Wie unschwer zu erkennen ist, trifft das jedoch nur dann zu, wenn wir es **unterwegs** unterlassen – oder vergessen –, die **Höhenmessereinstellung zu berichtigen.**

Bei Flügen aus **Tiefdruckgebieten** in Gebiete **höheren Drucks** hinein, wirkt sich der **Anzeigefehler umgekehrt** aus. Das Flugzeug entfernt sich bei unveränderter Höhenmessereinstellung vom Meeresspiegel **(MSL)** im gleichen Maße, wie die eingestellte Druckfläche **über MSL** ansteigt. Das Flugzeug fliegt dann im Gebiet **höheren Drucks höher** als der Höhenmesser anzeigt. **Die Höhenmesseranzeige ist also zu tief!**

Merke: Ein zu tief eingestellter Druckwert ergibt eine zu geringe Höhenanzeige!

Der umgekehrte Fall – Einstellung eines **zu hohen Druckwertes** auf der Druckskala des Höhenmessers – ist weitaus **gefährlicher!** Das Flugzeug fliegt dann **tiefer** als auf dem Höhenmesser **angezeigt** (siehe Bild 1.10).

Der bei **falscher Höhenmessereinstellung** auftretende **Anzeigefehler** kann leicht geschätzt werden:
1 hPa Druckänderung = 30 ft (8 m) Höhenänderung (vgl. Abschnitt 1.2.1 „Arbeitsweise des Höhenmessers").

Merke: Höhenmesser-Fehlanzeigen durch Luftdruckänderungen kann man vermeiden, indem man über Funk immer den neuesten QNH-Wert des nächstgelegenen Flugplatzes mit Flugverkehrskontrolle einholt!

1.2.2.2 Auswirkung von Temperaturabweichungen von den Standardwerten

In der Standardatmosphäre haben die **Druckflächen** bei der – schon bekannten – Temperaturverteilung (Abnahme um 2 °C pro 1 000 ft) einen **ganz bestimmten Abstand** voneinander (vgl. auch Band 2, Grundlagen der Flugwetterkunde).

Auch der **Luftdruck** nimmt – wie wir wissen – **mit zunehmender Höhe** gesetzmäßig ab. **Weicht** nun die **Temperatur** von den Werten der Standardatmosphäre **ab,** so **ändert** sich auch **der Abstand zwischen den Druckflächen.**

- **In warmer Luft** (Temperatur **höher** als in der Standardatmosphäre) liegen die Druckflächen **weiter auseinander** und der **Luftdruck** nimmt mit zunehmender Höhe **langsamer** ab. Die Luft hat sich also **ausgedehnt** und ist nicht mehr so dicht wie in der Standardatmosphäre.

Jede Druckfläche, die oberhalb der auf dem Höhenmesser eingestellten Bezugsdruckfläche (bei **QNH-Einstellung MSL**) die Höhenanzeige bewirkt, liegt bei solchen Verhältnissen **(warme Atmosphäre/Sommer)** höher als in der Standardatmosphäre.

- Daraus resultiert, dass ein Flugzeug in **warmer Luft höher** fliegt **als** auf dem Höhenmesser **angezeigt** (siehe Bild 1.11), somit ist die Anzeige **zu tief!**

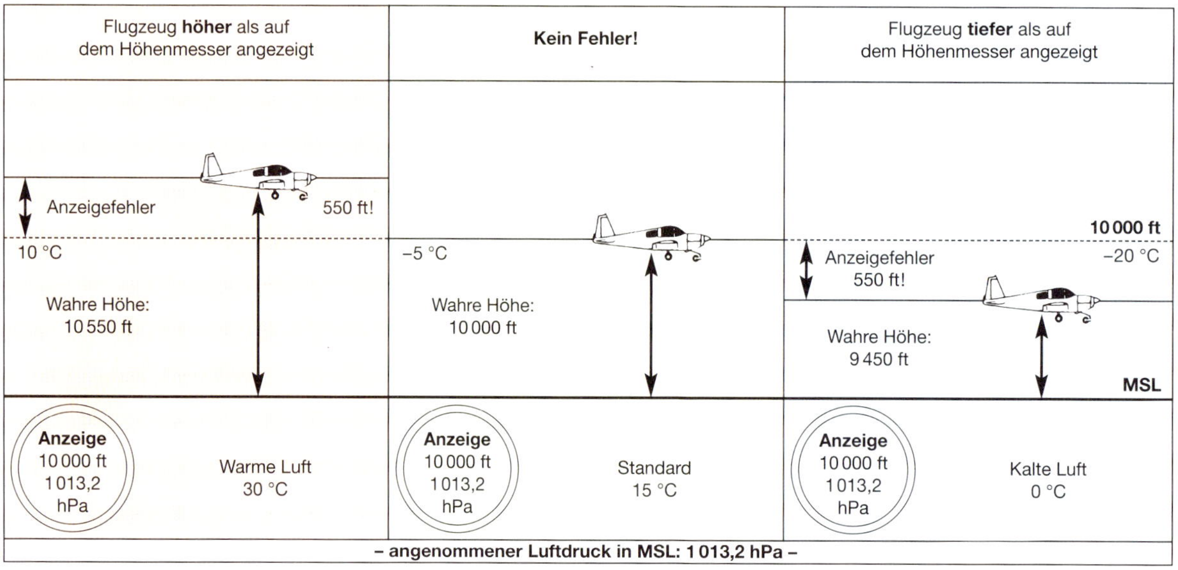

Bild 1.11 Fehlanzeige des Höhenmessers durch Temperaturabweichung vom Standardwert (15 °C in MSL, Abnahme um 2 °C pro 1 000 ft Höhe)

- In **kalter Luft** (Temperatur niedriger als in der Standardatmosphäre) liegen die einzelnen **Druckflächen enger zusammen**, und der Luftdruck nimmt mit der Höhe schneller ab als in der Standardatmosphäre. Jede Druckfläche, die oberhalb der auf dem Höhenmesser eingestellten Bezugsdruckfläche die Höhenanzeige bewirkt, liegt jetzt **(kalte Atmosphäre/Winter) tiefer** als in der Standardatmosphäre.

- Daraus resultiert, dass ein Flugzeug **in kalter Luft tiefer** fliegt **als** auf dem Höhenmesser **angezeigt** wird (siehe Bild 1.11). Somit ist die Anzeige **zu hoch!**

Das ist **gefährlich** und deshalb prägen wir uns folgende **Regel** ein:

„Im Winter sind die Berge höher!“

Die Fehlanzeige des Höhenmessers beträgt ca. 2 % pro 5 °C **Temperaturabweichung** von den Werten der ICAO-Normatmosphäre. Wie man **Temperaturberichtigungen der Höhe** mit dem Navigationsrechner (z. B. ARISTO-AVIAT) durchführt, werden wir im Abschnitt 1.2.4 „Arten von Flughöhen und Höhenanzeigen“ sehen.

1.2.3 Höhenmessereinstellung (Altimeter Setting Procedures)

In unserer fliegerischen Praxis werden wir grundsätzlich mit **zwei Arten von Höhenmessereinstellungen** konfrontiert, die in der Luftverkehrsordnung (LuftVO) für VFR-Flüge vorgeschrieben sind. Es handelt sich um die so genannte

- **QNH-Höhenmessereinstellung (Bezugsebene MSL)**

und die

- **Standardhöhenmessereinstellung (Bezugsebene ist die Druckfläche 1 013,2 hPa).**

1.2.3.1 Die QNH-Höhenmessereinstellung

Bei Flügen nach Sichtflugregeln bis zu einer Höhe von 5 000 ft MSL oder bis zu einer Höhe von 2 000 ft über GND, sofern diese Flughöhe 5 000 ft MSL überschreitet, ist der Höhenmesser auf den **QNH-Wert** des zur Flugstrecke nächstgelegenen Flugplatzes mit Flugverkehrskontrolle einzustellen.

Bei Flügen nach Instrumentenflugregeln ist beim **Abflug** der Höhenmesser auf den **QNH-Wert** des Startflughafens einzustellen und diese Einstellung ist bis zum Durchfliegen der **Übergangshöhe (Transition Altitude)** beizubehalten. In der Bundesrepublik Deutschland beträgt die Transition Altitude für Verkehrsflughäfen 5 000 ft MSL.

Bei Flügen nach Instrumentenflugregeln ist beim **Anflug** der Höhenmesser von der Standardhöhenmessereinstellung **1 013,2 hPa** während des Sinkfluges beim Durchfliegen der **Übergangsfläche (Transition Level)** auf den QNH-Wert des jeweiligen Flughafens einzustellen. Die Übergangsfläche (Transition Level) ist abhängig von dem jeweils vorherrschenden Luftdruck; sie liegt mindestens 1 000 ft über der Übergangshöhe (Transition Altitude). Die Übergangsfläche wird von der jeweiligen Flugsicherungskontrolle festgelegt und über die ATIS (Automatic Terminal Information Service) des Flughafens ausgestrahlt.

- Der **QNH-Wert** ist der **auf mittlere Meereshöhe (MSL) reduzierte Luftdruckwert** eines Ortes (des Flughafens), unter der **Annahme**, dass an dem Ort und unterhalb des Ortes die **Temperaturverhältnisse der ICAO-Normatmosphäre** herrschen.

Merke: Bezugsebene bei der QNH-Höhenmessereinstellung ist der Meeresspiegel (NN oder MSL genannt).

Die aus dieser Höhenmessereinstellung resultierende Flughöhe wird

QNH-Höhe genannt (siehe Bilder 1.12 und 1.14).

Bei **Standardtemperaturen in der Atmosphäre** zeigt der auf QNH eingestellte Höhenmesser genau die **wahre Höhe über dem Meeresspiegel an** (vgl. auch Abschnitt 1.2.2 „Anzeigefehler des Höhenmessers“)

Neben der QNH-Höhenmessereinstellung kann bei **Platzflügen** der Höhenmesser auch auf den so genannten

QFE-Wert des Flugplatzes

eingestellt werden. Der **QFE-Wert** ist der **in Flugplatzhöhe gemessene Luftdruck.**

Merke: Ist der Höhenmesser auf den QFE-Wert des Flugplatzes eingestellt, zeigt er alle Höhen in Fuß über der Flugplatzhöhe (aerodrome elevation) an! Bei der Landung zeigt er Null Fuß an! Bei Überlandflügen darf diese Höhenmessereinstellung **(QFE) niemals** angewendet werden!

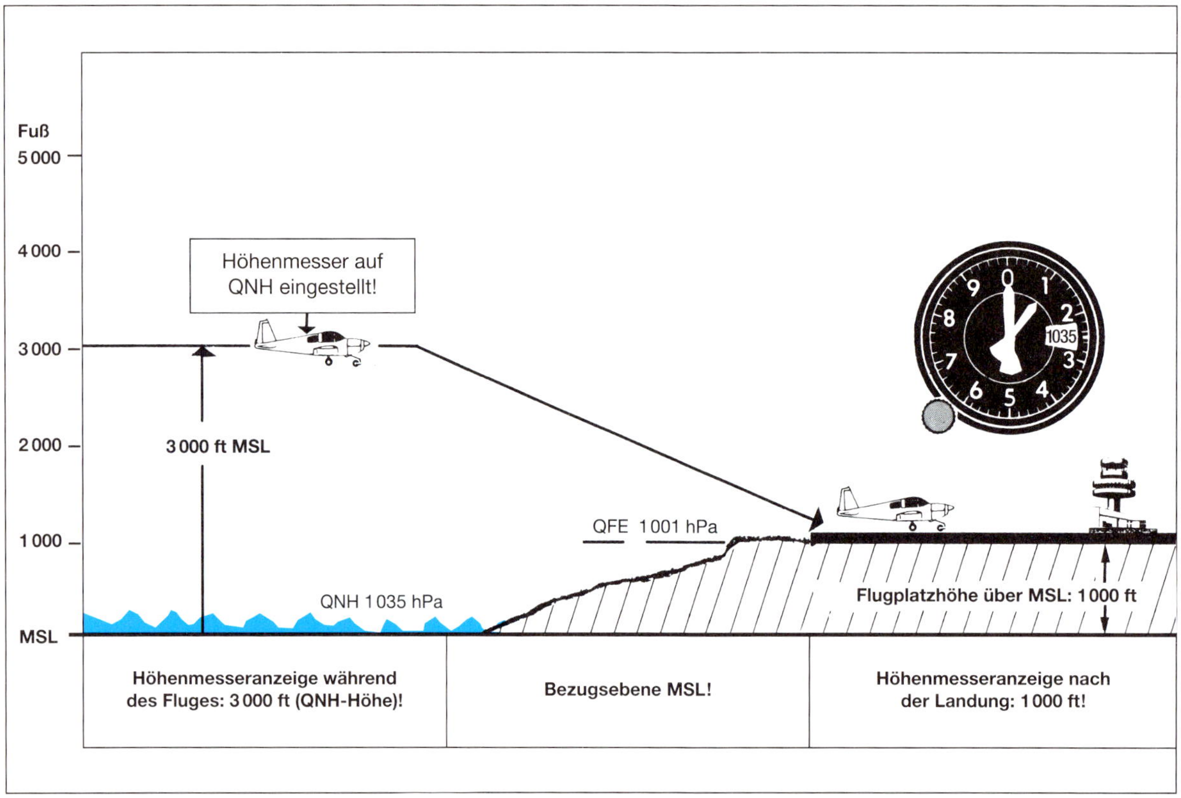

Bild 1.12 Höhenmesseranzeige bei QNH-Einstellung

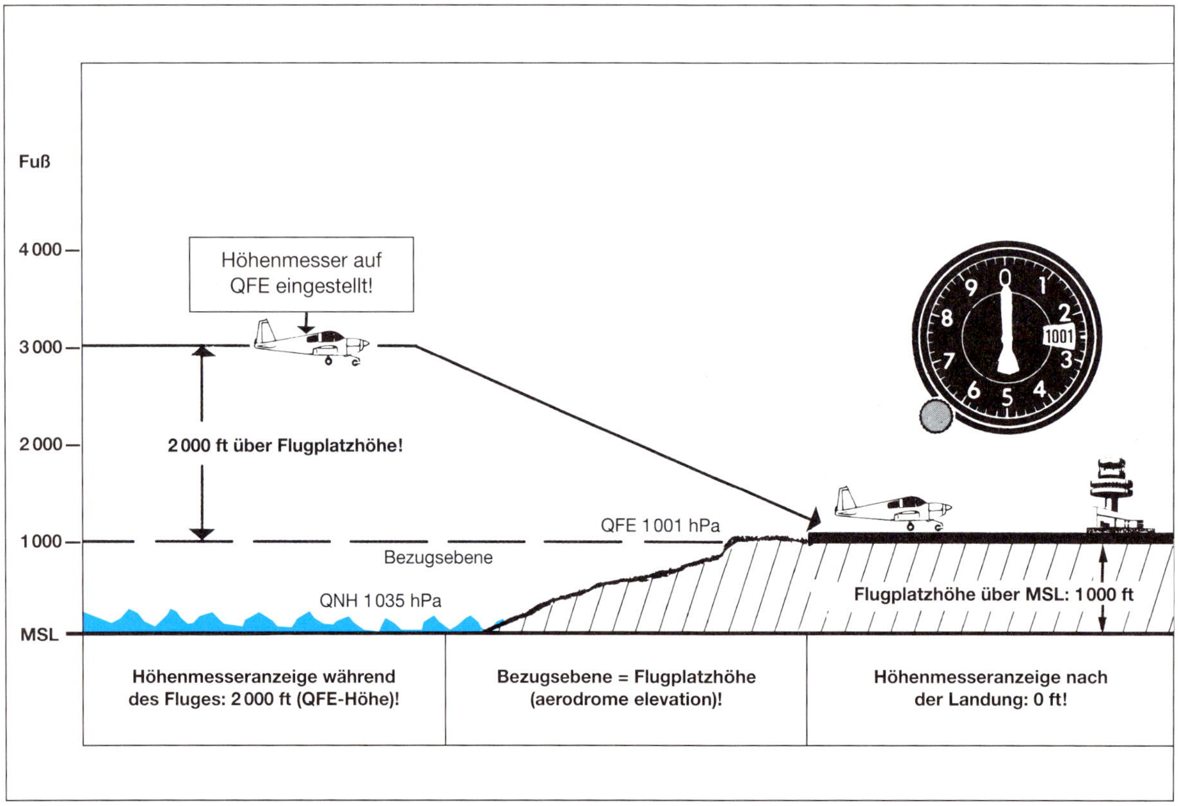

Bild 1.13 Höhenmesseranzeige bei QFE-Einstellung

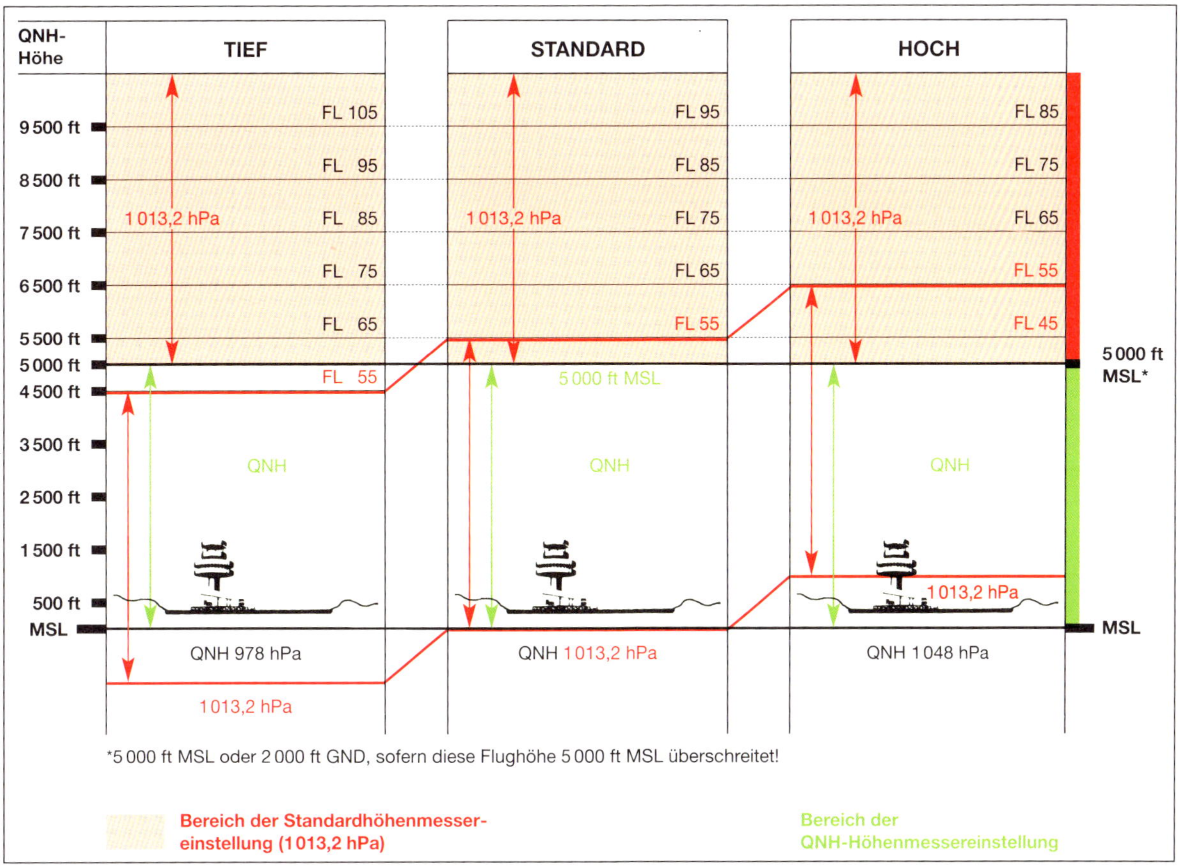

Bild 1.14 Höhenmessereinstellung und Flugflächensystem (Druckunterschied in den einzelnen Beispielen 35 hPa = ca. 1 000 ft)

1.2.3.2 Die Standardhöhenmessereinstellung

Bei VFR-Flügen oberhalb einer Höhe von 5 000 ft MSL oder oberhalb einer Höhe von 2 000 ft GND – sofern diese Flughöhe 5 000 ft MSL überschreitet – muss der Flugzeugführer (gemäß LuftVO, Sichtflugregeln und Anlage 3) den Höhenmesser auf den **Luftdruckwert 1 013,2 hPa** einstellen. Diese Höhenmessereinstellung wird in der Fliegerei als

Standardhöhenmessereinstellung (standard altimeter setting)

bezeichnet. Bei diesem Verfahren hat der Flugzeugführer eine **Flugfläche (Flight Level)** einzuhalten, die nach den Regeln über **Halbkreisflughöhen (Semi-Circular Cruising Levels),** vgl. auch LuftVO, Anlage 3, dem jeweiligen **missweisenden Kurs (magnetic track/MT) über Grund oder Wasser** entspricht.

Hier die **Tabelle** zur Auswahl der **richtigen Flugfläche bei VFR-Flügen oberhalb** einer Höhe von **5 000 ft MSL** (oder oberhalb 2 000 ft GND – sofern diese Flughöhe 5 000 ft MSL überschreitet –):

1. Halbkreis						**2. Halbkreis**					
missweisender Kurs über Grund oder Wasser von **000° bis 179°**						missweisender Kurs über Grund oder Wasser von **180° bis 359°**					
Flüge nach Sichtflugregeln (VFR)			Flüge nach Instrumentenflugregeln (IFR)			Flüge nach Sichtflugregeln (VFR)			Flüge nach Instrumentenflugregeln (IFR)		
	Flughöhe			**Flughöhe**			**Flughöhe**			**Flughöhe**	
FL	Meter	Fuß	FL	Meter	Fuß	FL	Meter	Fuß	FL	Meter	Fuß
						45*	1 350	4 500			
55	1 700	5 500	50	1 500	5 000	65	2 000	6 500	60	1 850	6 000
75	2 300	7 500	70	2 150	7 000	85	2 600	8 500	80	2 450	8 000
95	2 900	9 500	90	2 750	9 000	105	3 200	10 500	100	3 050	10 000
115	3 500	11 500	110	3 350	11 000	125	3 800	12 500	120	3 650	12 000
135	4 100	13 500	130	3 950	13 000	145	4 400	14 500	140	4 250	14 000
155	4 700	15 500	150	4 550	15 000	165	5 050	16 500	160	4 900	16 000
175	5 350	17 500	170	5 200	17 000	185	5 650	18 500	180	5 500	18 000
195	5 950	19 500	190	5 800	19 000				200	6 100	20 000
	usw.			usw.			usw.			usw.	
= Luftraum/Airspace „Charlie“						*Bei bestimmten Druckverhältnissen möglich					

Bild 1.15 Die Halbkreisflughöhen

Merke: Flugflächen sind zum Zwecke der Höhenstaffelung vorgesehene Flächen in der Atmosphäre, die durch festgelegte Anzeigewerte eines auf 1 013,2 hPa eingestellten Höhenmessers bestimmt sind (das ist die offizielle Definition des Begriffs „Flugfläche“)!

Achtung: Luftraum C (Charlie airspace). VFR-Flüge in und oberhalb FL 100 nur unter bestimmten Voraussetzungen mit Freigabe durch die zuständige Flugverkehrskontrollstelle!

Zum besseren Verständnis der **Standardhöhenmessereinstellung** und des dabei anzuwendenden **Flugflächensystems** nun noch einige Erklärungen:

- **Flugflächen** (**Abkürzung FL** = **F**light **L**evel) sind nummeriert. So bedeutet zum Beispiel **FL 55** (sprich: „Flugfläche fünf fünf“), dass diese **Flugfläche 5 5**00 Fuß über der eingestellten Druckfläche 1 013,2 hPa liegt.
- Wir befänden uns also nur dann 5 500 Fuß über dem Meeresspiegel (NN oder MSL), wenn dort der Luftdruck 1 013,2 hPa betragen würde (und auch die Temperatur den Standardbedingungen entspräche). Anmerkung: vgl. auch Abschnitt 1.2.2 „Anzeigefehler des Höhenmessers“.
- Ist der **Luftdruck in Meereshöhe** (NN oder MSL) **niedriger** als der Standarddruckwert, so fliegt ein Flugzeug mit dieser Höhenmessereinstellung **tiefer** über MSL als auf dem Höhenmesser angezeigt, weil die Druckfläche 1 013,2 hPa (eingestellter Druckwert) **unterhalb** des Meeresspiegels liegt (siehe Bild 1.14).
- Ist der **Luftdruck in Meereshöhe** (NN oder MSL) **höher** als der Standarddruckwert, so fliegt man mit der Standardhöhenmessereinstellung **höher** über MSL als auf dem Höhenmesser angezeigt, weil die Druckfläche 1 013,2 hPa **oberhalb** des Meeresspiegels liegt (siehe Bild 1.14).

Bild 1.14 zeigt uns deutlich das **Höhenband,** in dem die QNH-Höhenmessereinstellung angewendet werden soll (grün dargestellt).

Merke: Bezugsebene bei der QNH-Höhenmessereinstellung ist der Meeresspiegel (NN oder MSL). Bei QNH-Einstellung können alle angezeigten Werte als Höhen in Fuß über NN betrachtet werden (vgl. Abschnitt 1.2.2 „Anzeigefehler des Höhenmessers“)!

Im **roten Höhenbereich** in Bild 1.14 (oberhalb 5 000 ft MSL) ist die so genannte Standardhöhenmessereinstellung (1 013,2 hPa) anzuwenden.

Merke: Bezugsebene bei der Standardhöhenmessereinstellung ist die Druckfläche 1 013,2 hPa.

Bei der Standardhöhenmessereinstellung sind alle abgelesenen Werte als Höhen in Fuß über der Druckfläche 1 013,2 hPa zu betrachten!

Die abgelesenen Höhen werden als „Flugflächen“ (Flight Level) bezeichnet, wie zum Beispiel 6 000 ft = FL 60 (sprich: „Flugfläche Sechs Null“).

- Liegt der Luftdruckwert in Meereshöhe unter 1 013,2 hPa (tiefer Druck), so „sinkt“ die Druckfläche 1 013,2 hPa unter den Meeresspiegel ab!
- Im **1. Beispiel** in Bild 1.14 **(Tief)** ist die **Flugfläche 55** (FL fünf fünf) in das Höhenband der QNH-Höhenmessereinstellung **abgesunken.** Sie darf deshalb nicht mehr für VFR-Flüge mit Standardhöhenmessereinstellung nach den Halbkreisflughöhen genutzt werden.

  Beachte: Erste – für den VFR-Flieger nutzbare – Flugfläche wäre in diesem Falle die Flugfläche 65 (FL 65)!
- Im **2. Beispiel (Standard)** beträgt der Luftdruck in Meereshöhe genau 1 013,2 hPa. Die Flugflächen liegen bei solchen Druckverhältnissen auf der **gleichen Höhe** wie die QNH-Höhen in Fuß (siehe Höhenangaben am linken Rand von Bild 1.14). Zum Beispiel: FL 55 entspricht hier genau 5 500 ft MSL!

Das **3. Beispiel (Hoch)** sollen Sie anhand der nun folgenden Fragen selbst einmal durcharbeiten:

1. Frage: Warum ist in diesem Beispiel die Flugfläche 45 (FL 45) schon als Flugfläche für VFR-Flüge nutzbar?

Antwort:

2. Frage: Welcher QNH-Höhe entspricht FL 90 (Flugfläche 90) in diesem Beispiel?

Antwort:

1.2.3.3 Berichtigung des Instrumentenfehlers bei der Höhenmessereinstellung

Fast jeder Höhenmesser hat einen mehr oder weniger großen **Instrumentenfehler,** der vor dem Start bei der Höhenmessereinstellung leicht korrigiert werden kann (siehe Bild 1.16).

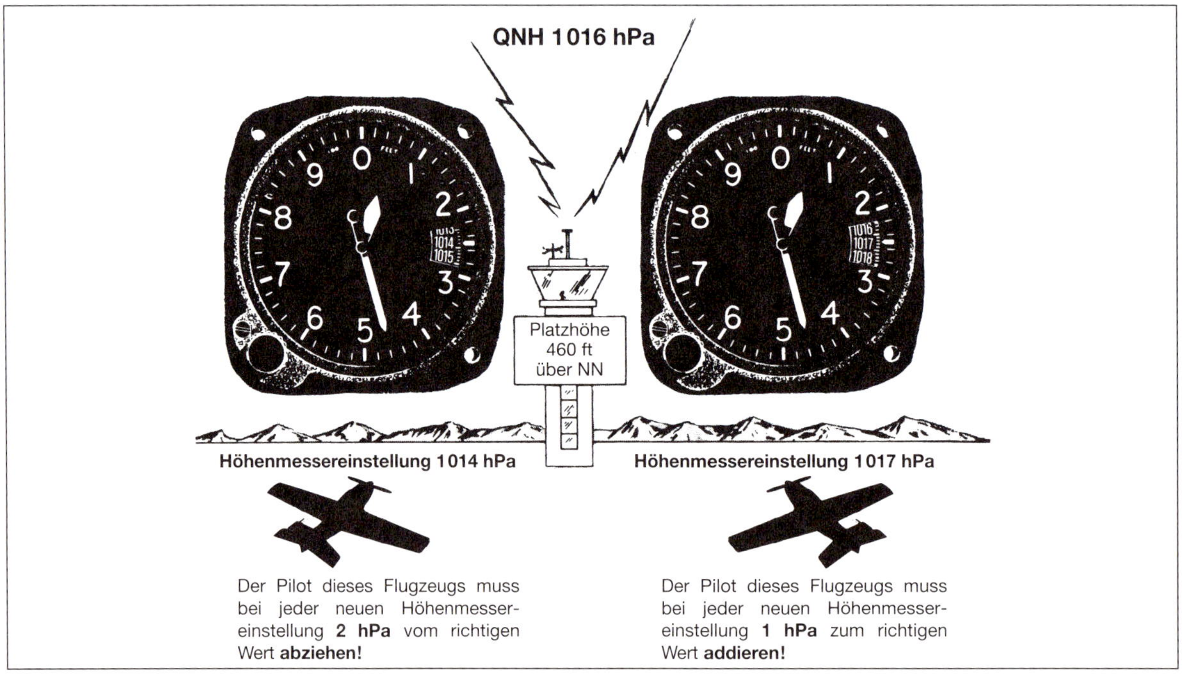

Bild 1.16 Berichtigung des Instrumentenfehlers bei der Höhenmessereinstellung

- Nachdem wir das **QNH** im Kollsman-Window (auch Druckkorrektur- oder Nebenskala genannt) **eingestellt** haben, muss die **Höhenmesseranzeige** mit der **Platzhöhe** über **NN (MSL)** verglichen werden.
- Ist der Unterschied sehr groß, überprüfe noch einmal die Höhenmessereinstellung!
- Sollte der Instrumentenfehler nach der Überprüfung **größer** als 60 Fuß (= 2 hPa) sein, so muss der Höhenmesser in einer Instrumentenwerkstatt **kalibriert** werden!
- Bei Fehlern unter 75 Fuß stellen wir den Höhenmesser genau auf die **Platzhöhe** (aerodrome elevation) ein und merken uns den Unterschied zwischen dem **richtigen QNH-Wert** und dem Wert auf der Druckkorrekturskala (Kollsman-Window).

Merke: Die Platzhöhe (aerodrome elevation) ist der höchste Punkt der Landefläche eines Flugplatzes!

- Der ermittelte **Unterschiedswert** muss bei allen späteren Höhenmessereinstellungen zum richtigen QNH-Wert addiert oder von ihm abgezogen werden!

Merke: Verstellt man die Zeiger des Höhenmessers auf einen kleineren Höhenwert, so ändert sich auch der Druckbezugswert im Kollsman-Window zu kleineren Werten hin (30 ft = 1 hPa)!

Als Beispiele mögen die beiden Höhenmesser der Flugzeuge in Bild 1.16 dienen:

- Der Pilot des linken Flugzeugs musste seinen Höhenmesser um 2 hPa (= 60 ft) auf 1 014 hPa zurückstellen, um die Platzhöhe von 460 Fuß genau angezeigt zu bekommen. Sein Höhenmesser zeigte also vorher – bei **richtiger QNH-Einstellung** – 60 Fuß (= 2 hPa) **zu viel Höhe** an. Er muss aus diesem Grunde auch bei allen folgenden Höhenmessereinstellungen (auch bei der Standardhöhenmessereinstellung) 2 hPa vom **richtigen Druckwert** abziehen, um eine korrekte Höhenanzeige zu erhalten!
- Der Höhenmesser des rechten Flugzeugs zeigt bei einer Einstellung von 1 017 hPa die Platzhöhe genau an. Er musste demnach von 1 016 hPa (richtiger QNH-Wert) auf 1 017 hPa, also um 1 hPa (= 30 Fuß) zum größeren Wert hin verstellt werden, um die Platzhöhe richtig anzuzeigen. Als dieser Höhenmesser auf den richtigen QNH-Wert von 1 016 hPa eingestellt war, zeigte er 30 Fuß (= 1 hPa) **zu wenig Höhe** an. Der Flugzeugführer dieses Flugzeugs muss deshalb bei allen späteren Höhenmessereinstellungen (auch bei der Standardhöhenmessereinstellung) 1 hPa zum richtigen Druckwert addieren, um eine genaue Höhenanzeige zu haben!

1.2.4 Arten von Flughöhen und Höhenanzeigen

1.2.4.1 Die QNH-Höhe (QNH-Altitude)

Die QNH-Höhe ist die Höhe, die ein Höhenmesser anzeigt, wenn auf der Druckkorrekturskala (Kollsman-Window) der QNH-Wert eingestellt ist (siehe Bild 1.17).

Bezugsebene bei der QNH-Höhenmessereinstellung ist – wie wir schon wissen – der **Meeresspiegel** (MSL oder NN).

Merke:

- Ist der **QNH-Wert** auf einem unkontrollierten Flugplatz (Landeplatz) **nicht verfügbar,** so stellen wir den Höhenmesser genau auf die **Platzhöhe** (aerodrome elevation) über NN (MSL) ein. Auf der Druckkorrekturskala (Kollsman-Window) kann dann der QNH-Wert in hPa (oder inches Hg) abgelesen werden (vgl. auch Abschnitt 1.2.3.3 „Berichtigung des Instrumentenfehlers bei der Höhenmessereinstellung").
- **Wir erinnern uns abschließend noch einmal:** Bis einschließlich **5 000 Fuß MSL** ist für VFR-Flüge die **QNH-Höhenmessereinstellung** vorgeschrieben!
- Die QNH-Höhe entspricht nur dann der wahren Höhe (true altitude) über dem Meeresspiegel, wenn die Temperaturen der Luft in den verschiedenen Höhen genau mit den Werten der **ICAO-Normatmosphäre** (Standardatmosphäre) übereinstimmen (vgl. Abschnitt 1.2.2 „Anzeigefehler des Höhenmessers"), da der Höhenmesser nach diesen Werten geeicht ist.

1.2.4.2 Die wahre Höhe (True Altitude)

Die **wahre Höhe** ist die **Höhe über dem Meeresspiegel** (**MSL**).

Merke: **Die wahre Höhe entspricht der temperaturkorrigierten QNH-Höhe** (siehe Bilder 1.17 und 1.18 und vgl. auch Abschnitt 1.2.4.6 „Berechnung der wahren Höhe und der Dichtehöhe mit dem Navigationsrechner ARISTO-AVIAT").

1.2.4.3 Die Druckhöhe (Pressure Altitude)

Die **Druckhöhe** ist die Höhe in der Standardatmosphäre, die dem **in der Flughöhe** des Flugzeugs **herrschenden Luftdruck** entspricht.

Merke: **Ein auf den Standarddruckwert 1 013,2 hPa eingestellter Höhenmesser (Standardhöhenmessereinstellung) zeigt während des Fluges ständig die Druckhöhe an** (siehe Bilder 1.17 und 1.18)**!**

Die **Druckhöhe** wird zur Berechnung der **Dichtehöhe** (für Flugleistungen), der **wahren Höhe** und der **wahren Eigengeschwindigkeit (TAS)** auf dem Navigationsrechner benötigt.

1.2.4.4 Die Dichtehöhe (Density Altitude)

Die **Dichtehöhe** ist die Höhe in der Standardatmosphäre, die der **in der Flughöhe** des Flugzeugs **herrschenden Luftdichte** entspricht (siehe Bild 1.17). Es ist – mit anderen Worten ausgedrückt – die temperaturkorrigierte Druckhöhe (vgl. Abschnitt 1.2.4.6 „Berechnung der wahren Höhe und der Dichtehöhe mit dem Navigationsrechner ARISTO-AVIAT").

Merke: **Bei Standardbedingungen in der Atmosphäre (Druck und Temperatur) sind wahre Höhe, Druckhöhe und Dichtehöhe gleich** (vgl. auch Kapitel 4 „Flugleistungen und Flughandbuch")!

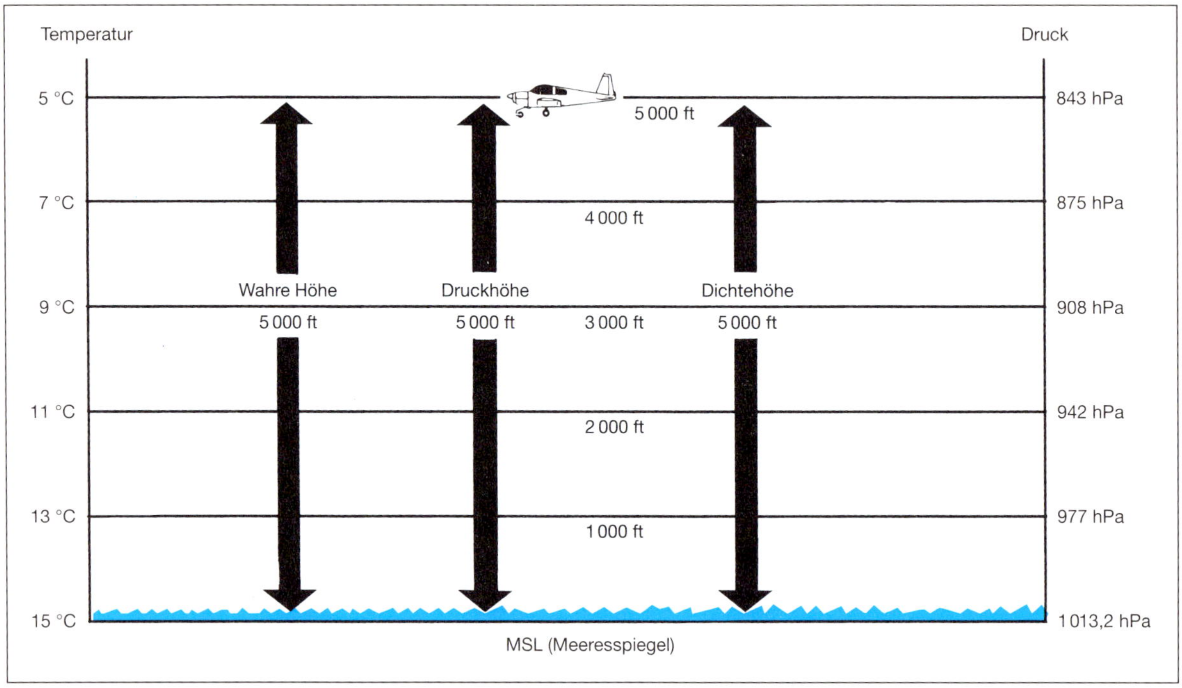

Bild 1.17 Die verschiedenen Flughöhen sind bei Standardbedingungen in der Atmosphäre (bezogen auf MSL) gleich!

1.2.4.5 Die absolute Höhe (Absolute Altitude)

Die **absolute Höhe** ist die **tatsächliche Höhe** eines Flugzeugs **über** dem **überflogenen Gelände** (siehe Bild 1.18).

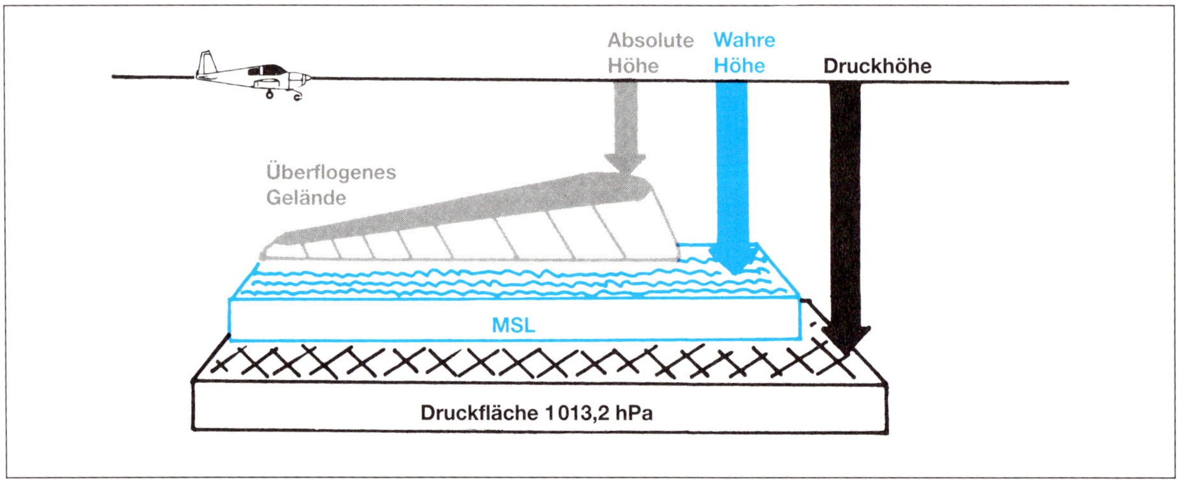

Bild 1.18 Absolute Höhe, wahre Höhe und Druckhöhe

1.2.4.6 Berechnung der wahren Höhe und der Dichtehöhe mit dem Navigationsrechner ARISTO-AVIAT

a) Berechnung der wahren Höhe (True Altitude)

Temperaturabweichungen von den Standardwerten verursachen **Höhenmesserfehlanzeigen,** die wir schon unter Abschnitt 1.2.2 („Anzeigefehler des Höhenmessers“) kennen gelernt haben. Da wir solche Fehlanzeigen nicht durch eine Einstellung am Höhenmesser ausschalten können, hat unser Navigationsrechner eine **blaue Höhenskala** (Bezeichnung:

Altitude), mit der wir schnell und einfach Temperaturkorrekturen der angezeigten Höhe durchführen können. Berechnungen dieser Art basieren auf den Standarddruck- und Temperaturabnahmen in der ICAO-Normatmosphäre mit zunehmender Höhe.

Stellt man in dem blauen **Altitude-Fensterchen** des Navigationsrechners die Druckhöhe 0 (Null) genau der **Temperatur** +15 °C gegenüber, so kann man für jede Höhe bis 35 000 ft die entsprechende Temperatur der ICAO-Normatmosphäre ablesen. Dabei können wir folgende wichtige Feststellung machen:

In der ICAO-Normatmosphäre nimmt die Temperatur mit zunehmender Höhe um 2 °C pro 1 000 Fuß ab!

Und nun ein Beispiel zur **Berechnung der wahren Höhe (true altitude)** auf dem Navigationsrechner:

Gegeben: **Druckhöhe 11 000 Fuß**
QNH-Höhe 10 500 Fuß
OAT (Außenlufttemperatur) -20 °C

Gesucht: **Wahre Höhe in Fuß!**

Lösung:

- Zuerst im blauen „Altitude"-Fenster des Rechners die OAT (Außenlufttemperatur) –20 °C über die Druckhöhe 11 000 Fuß setzen!
- Dann über der QNH-Höhe (QNH-ALT) 10 500 Fuß auf der verstellbaren Innenskala die wahre Höhe (T. ALT) auf der Außenskala des Rechners ablesen!

Ergebnis: **Wahre Höhe 10 000 Fuß**

Bitte vollziehen Sie diese Aufgabe auf Ihrem Navigationsrechner (Vorderseite) nach!

b) Berechnung der Dichtehöhe (Density Altitude)

Wenn die während des Fluges in einer bestimmten Höhe herrschenden Bedingungen der **ICAO-Normatmosphäre** entsprechen, sind **Druck- und Dichtehöhe gleich.** Weicht die Temperatur vom Standardwert ab, so ändert sich die Dichtehöhe um

ca. 120 Fuß pro Grad Celsius

Temperaturabweichung. In **warmer Luft** (Temperaturen **höher** als die Standardwerte) ist die **Dichtehöhe größer** als die Druckhöhe!

In **kalter Luft** (Temperaturen tiefer als die Standardwerte) ist die **Dichtehöhe geringer** als die Druckhöhe!

Da für die Flugleistungen eines Flugzeugs **nicht die Flughöhe,** sondern die **dort herrschende Luftdichte** ausschlaggebend ist, sind alle Flugleistungsdaten auf die Dichtehöhe abgestellt. Auf unserem Navigationsrechner können wir die **Dichtehöhe** folgendermaßen berechnen:

Gegeben: **Druckhöhe 10 000 Fuß**
OAT (Außenlufttemperatur) -20 °C

Gesucht: **Dichtehöhe in Fuß!**

Lösung:

- Zuerst im roten „AIR SPEED"-Fenster des Rechners die OAT (Außenlufttemperatur) –20 °C über der Druckhöhe von 10 000 Fuß einstellen!
- Dann rechts, dem Pfeil folgend, im roten „Density Altitude"-Fenster an der Ablesemarke für Fuß (am unteren Rand des Fensters) die Dichtehöhe ablesen!

Ergebnis: **Dichtehöhe 8 200 Fuß**

Vollziehen Sie bitte auch diese Rechnung auf der Vorderseite Ihres Rechners nach!

1.3 Das Variometer (Vertical Velocity Indicator)

Das **Variometer** zeigt uns während des Fluges an, ob das Flugzeug **steigt, sinkt** oder seine Höhe beibehält. Es ist so geeicht, dass es **die Steig- oder Sinkgeschwindigkeit** des Flugzeugs in **Fuß pro Minute (ft/min)** oder **Meter pro Sekunde (m/s)** anzeigt.

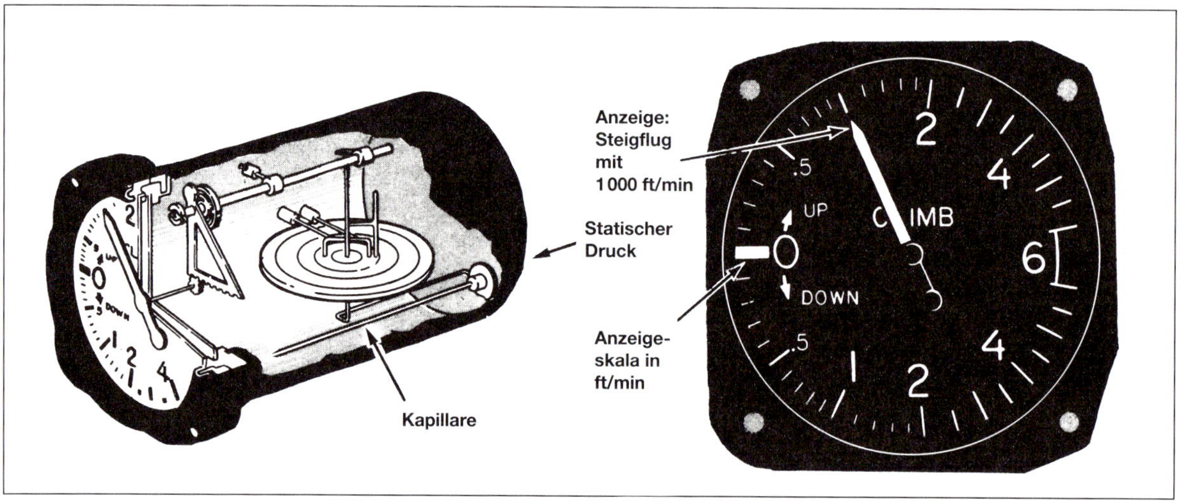

Bild 1.19 Das Variometer

1.3.1 Arbeitsweise des Variometers

Die Anzeige der Steig- oder Sinkgeschwindigkeit beruht auf einer genauen Messung des **Druckunterschieds** zwischen dem Druck in der im Inneren des Gehäuses dargestellten **Membrandose** (siehe Bild 1.19), die **direkt** über eine Leitung den **statischen Druck** aufnimmt, und dem **Druck im luftdichten Gehäuse** des Variometers, das nur über eine Kapillare (Röhrchen mit haarfeiner Öffnung) an den statischen Druck angeschlossen ist.

- Befindet sich unser Flugzeug nun im **Steigflug** (abnehmender statischer Druck mit zunehmender Höhe), so **fällt** der **Druck** in der Membrandose wegen der direkten Verbindung zum statischen Druck **schneller** ab als der Druck im Gehäuse, das ja nur über das haarfeine Röhrchen (Kapillare) mit dem statischen Druck verbunden ist.

  Mit anderen Worten passt sich der Druck in der Membrandose dem statischen Druck der Umgebungsluft schneller an als der Druck im Gehäuse, wo sich der Druckausgleich durch die Kapillare verzögert!

  Dieser Vorgang (während des Steigfluges **höherer Druck im Gehäuse** durch Verzögerung des Druckausgleichs) bewirkt ein Zusammendrücken der Membrandose, das über ein Gestänge an den Zeiger des Gerätes übertragen wird. Unser Variometer zeigt **„Steigen“** in Fuß pro Minute (ft/min) an!

- Nach dem Übergang in den **Horizontalflug** gleicht sich der **Gehäusedruck** innerhalb von 6 bis 9 Sekunden – und der **Membrandosendruck sofort** – mit dem statischen Druck der Umgebungsluft aus. Das Variometer zeigt deshalb noch für einige Sekunden **„Steigen“** an, bevor die Anzeige auf **Null** zurückgeht!

Merke: Niemals der Anzeigenadel des Variometers nachjagen!

- Wenn das Flugzeug in den Steig-, Sink- oder Horizontalflug übergeht, **bewirkt die Kapillare,** die das Gehäuse mit dem statischen Druck verbindet, eine **Verzögerung der Anzeige** von 6–9 Sekunden!
- Gehen wir mit unserem Flugzeug in den **Sinkflug** über, so spielt sich im Instrument der unter **Steigflug** beschriebene Vorgang in umgekehrter Form ab.

Falls keine alternative Versorgung für den statischen Druck vorhanden ist, ist im Notfall das Glas des Variometers einzuschlagen.

Andere Arten von Variometern (wie Variometer mit Ausgleichsgefäß, Stauscheibenvariometer) werden heute in Motorflugzeugen kaum noch angewendet.

2 Die Kreiselinstrumente

Nach den eben behandelten Druckinstrumenten wollen wir uns nun den Flugüberwachungsinstrumenten zuwenden, die in der Fachsprache als **Kreiselinstrumente** (gyroscopic flight instruments) bezeichnet werden. Es handelt sich dabei um folgende Instrumente:

- **Wendezeiger** (turn and bank indicator), vgl. Abschnitt 2.2;
- **Künstlicher Horizont** (artificial horizon oder attitude indicator), vgl. Abschnitt 2.3;
- **Kurskreisel** (directional gyro oder heading indicator), vgl. Abschnitt 2.4.

Alle drei Instrumente sind mit **Kreiseln** ausgerüstet, die sich während des Fluges **sehr schnell um ihre Rotationsachse drehen**. In unseren Kreiselinstrumenten werden die aus der Physik (Mechanik) bekannten **Eigenschaften eines rotierenden Kreisels genutzt.**

2.1 Eigenschaften eines rotierenden Kreisels

Kreisel sind um ihre Achse drehbare Körper, deren **Masse symmetrisch um die Rotationsachse angeordnet** ist. Dreht sich ein so gebauter Kreisel nun sehr schnell, so haben alle Teilchen der **Kreiselmasse** aufgrund der **Massenträgheit** (Widerstand, den ein Körper Bewegungsänderungen entgegensetzt) das Bestreben, in ihrer Rotationsebene zu **verbleiben.** Diese **Rotationsebene** liegt immer **senkrecht zur Rotationsachse.** Dadurch wird die **Lage (Richtung)** der **Rotationsachse** des Kreisels **starr im Raum ausgerichtet.** Rotiert der Kreisel schnell genug, so zeigt die Achse immer in dieselbe Richtung.

Als Beispiel für diese Tatsache kann die **Rotationsachse der Erde** herangezogen werden, wobei wir die Erde ohne weiteres als einen **„riesigen Kreisel"** betrachten können.

Auch der in Bild 2.1.b gezeigte – kräftefrei aufgehängte – Kreisel hat die **Eigenschaft**, seine **Lage im Raum** bei ausreichender Rotationsgeschwindigkeit **ständig beizubehalten.**

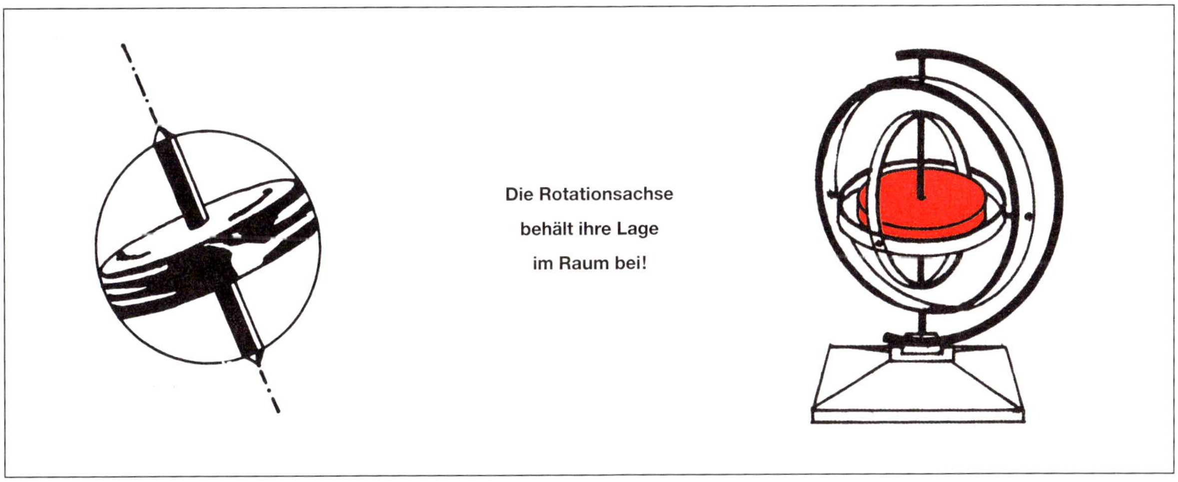

Bild 2.1.a Die Erde – ein großer Kreisel im Raum

Bild 2.1.b Kräftefrei aufgehängter Kreisel

Merke: Ein rotierender Kreisel ist bestrebt, seine Lage im Raum beizubehalten!

Das gilt auch dann, wenn ein kräftefrei oder **„vollkardanisch"** aufgehängter Kreisel fortbewegt wird, wie es ja im Flugzeug der Fall ist (vgl. auch Abschnitt 2.1.2 „Aufhängung der Kreisel in den Kreiselinstrumenten des Flugzeugs")!

Der Kreisel verändert nur dann seine Lage, wenn **äußere Kräfte** auf die Rotationsachse einwirken (vgl. Abschnitt 2.1.1 „Die Präzession des Kreisels durch äußere Krafteinwirkung und Erdrotation").

Ein schwerer, sich schnell bewegender Körper lässt sich durch äußere Krafteinwirkung nicht so leicht aus seiner Bewegungsrichtung ablenken wie ein leichter, sich langsam bewegender Körper. Aus diesem Grund sind die Kreisel **in unseren Flugüberwachungsinstrumenten** auf Kreiselbasis **schwer** und drehen sich **sehr schnell.**

Die **Kreisel** in **künstlichen Horizonten** (vgl. Abschnitt 2.3) und im **Kurskreisel** (vgl. Abschnitt 2.4) sind **kräftefrei („vollkardanisch") aufgehängt** und haben deshalb die **Eigenschaft**, **ihre Lage im Raum beizubehalten!**

Das Kreiselsystem des künstlichen Horizonts bietet dank dieser Eigenschaft einen Bezug zum natürlichen Horizont, während der Kurskreisel einen vorzüglichen Richtungsbezug liefert.

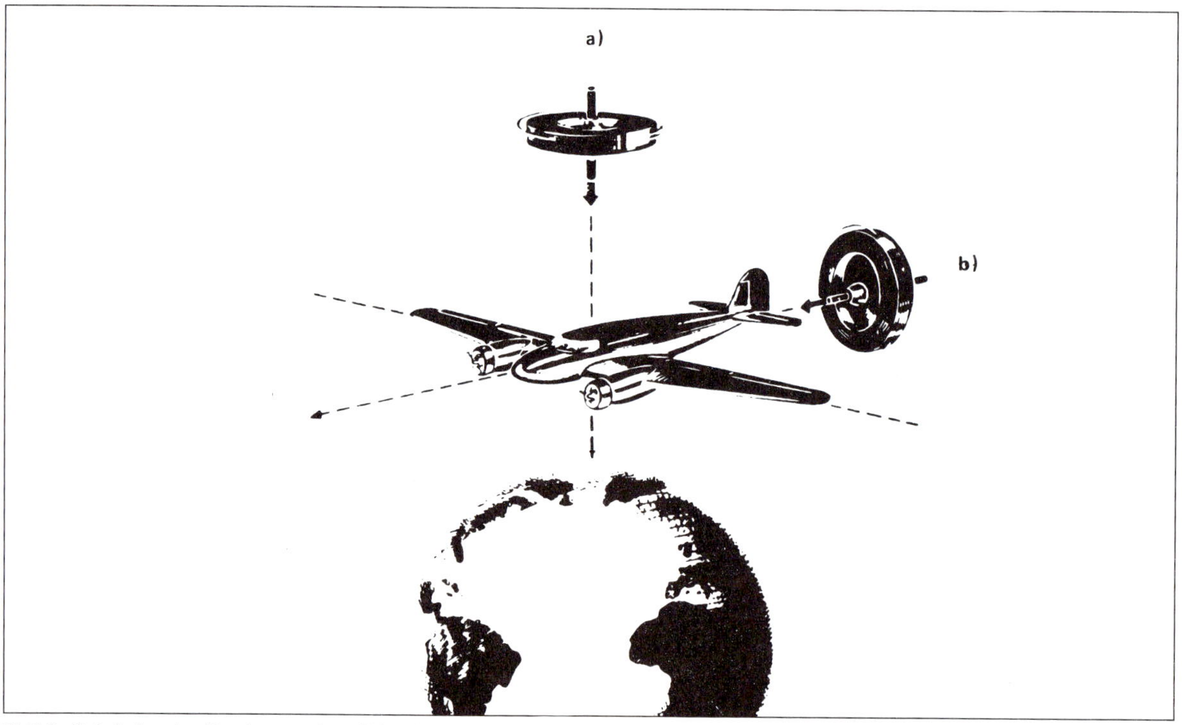

Bild 2.2 Kreisel mit senkrecht und waagerecht zur Erdoberfläche ausgerichteter Rotationsachse

a) Der Kreisel mit senkrecht zur Erdoberfläche ausgerichteter Rotationsachse liefert einen Bezug zum natürlichen Horizont! Wird im künstlichen Horizont angewendet (vgl. Abschnitt 2.3 „Der künstliche Horizont").

b) Der Kreisel mit waagerecht zur Erdoberfläche ausgerichteter Rotationsachse liefert einen Richtungsbezug! Wird im Kurskreisel angewendet (vgl. Abschnitt 2.4 „Der Kurskreisel").

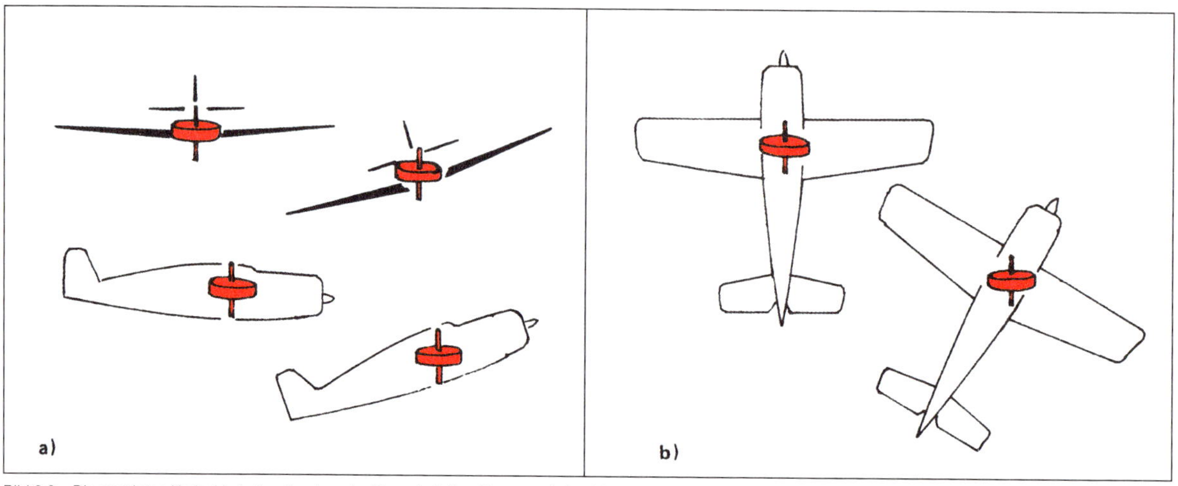

Bild 2.3 Die gezeigten Kreisel behalten ihre Lage im Raum bei. Das Flugzeug dreht sich um den raumfesten Kreisel!

a) Rollt das Flugzeug um seine Längsachse oder kippt es um seine Querachse, verbleibt der Kreisel in seiner Lage und zeigt uns, um wie viel das Flugzeug von seiner Normalfluglage abgewichen ist **(künstlicher Horizont).**

b) Wendet (oder dreht) das Flugzeug um seine Hochachse, verbleibt der Kreisel in seiner Lage und zeigt uns, um wie viel das Flugzeug von seinem ursprünglichen Kurs abgewichen ist **(Kurskreisel).**

2.1.1 Die Präzession des Kreisels (Wandern des Kreisels) durch äußere Krafteinwirkung und Erdrotation

Durch äußere Krafteinwirkung und durch die Erdrotation treten **Lageänderungen der Kreiselachse** auf, die man in der Fachsprache als **„Präzession"** oder auch **„Wandern" des Kreisels** bezeichnet. Grundsätzlich müssen wir zwischen **zwei Arten von Präzession** unterscheiden:

a) **Wirkliche Präzession** (wirkliches Wandern) des Kreisels durch äußere Krafteinwirkung.

b) **Scheinbare Präzession** (scheinbares Wandern) des Kreisels, hervorgerufen durch Erdrotation oder Transport des Kreisels von einem Ort zum anderen.

a) Die wirkliche Präzession des Kreisels (wirkliches Wandern)

Die wirkliche Präzession des Kreisels ist eine **Lageänderung der Rotationsachse**, die durch **äußere Krafteinwirkung** auf den rotierenden Kreisel **verursacht** wird.

Bei den Kreiselinstrumenten im Flugzeug kann die **zur Präzession notwendige Kraft** durch **Kurven** (G-Kräfte) oder durch **Geschwindigkeitsänderungen** (Beschleunigung/Verzögerung) hervorgerufen werden.

Um eine **wirkliche Präzession** des Kreisels zu bewirken, muss die **Kraft** versuchen, entweder die **Kreiselachse** zu **drehen** oder zu **kippen**.

Merke: Eine Kraft, die versucht, die Kreiselachse zu kippen, verursacht eine Drehung der Achse!

Eine Kraft, die versucht, die Kreiselachse zu drehen, verursacht ein Kippen der Achse (siehe Bild 2.4)!

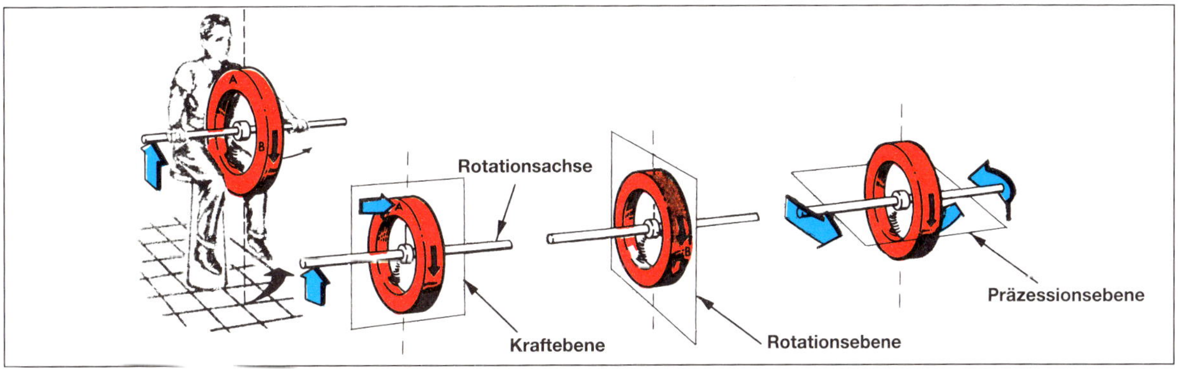

Bild 2.4 Wirkliche Präzession des Kreisels durch äußere Krafteinwirkung (hier: Kippen der Rotationsachse! Daraus resultiert eine Drehung der Achse in der Horizontalen.)

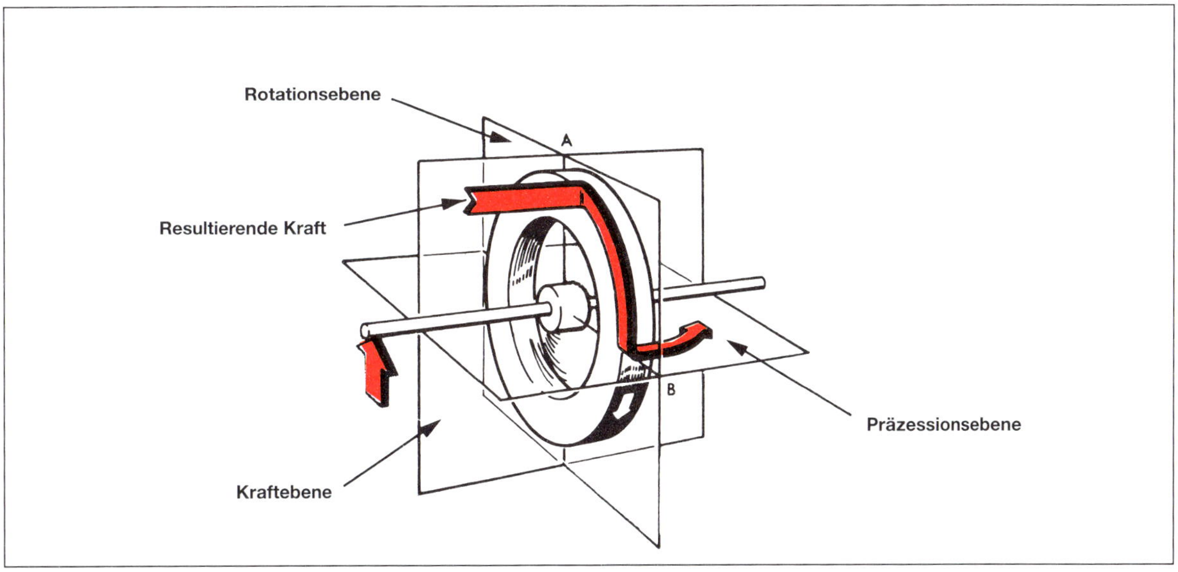

Bild 2.5 Zusammenfassung der Darstellungen in Bild 2.4

Erläuterungen zu den Bildern 2.4 und 2.5:

- Der Mann in Bild 2.4 versucht die **Rotationsachse** des Kreisels zu **kippen.** Am **Punkt „A“** (oberer Rand des Kreisels) wird eine **Ablenkkraft** wirksam. Die **Kraftebene dieser Ablenkkraft** liegt genau **90° zur Rotationsebene** des Kreisels.
- Die aus der Ablenkkraft **resultierende Kraft** greift in einem Winkel von 90° nach vorne in Richtung der Rotation des Kreisels am **Punkt „B“** an und **zwingt** den Kreisel zur **Präzession** in der dargestellten **Präzessionsebene** (hier **Drehung** der Achse in der Horizontalen).

  Anmerkung (und Anregung): Mit dem Vorderrad eines Fahrrades können Sie selbst die **wirkliche Präzession** eines Kreisels leicht simulieren.

  - Betrachten Sie die Felge des Rades als Kreiselmasse und die Achse als Kreiselachse.
  - Halten Sie die Achsenenden (wie der Mann in Bild 2.4) mit den Händen fest und setzen Sie das Rad in Bewegung.
  - Wenn das Rad genügend schnell rotiert, **zuerst die Achse** (wie in Bild 2.4) **kippen** und dann einmal in der **Horizontalen drehen.**

  Sie werden die **Präzession spüren!**

Natürlich kann am Kreisel auch eine Kraft wirksam werden, die versucht, die Kreiselachse in der Horizontalen zu drehen. Die daraus resultierende Kraft verursacht ein **Kippen** der Achse.

Merke jedoch: Eine Kraft, die weder die Achse zu kippen noch zu drehen versucht, kann das Kreiselsystem zwar bewegen, ruft aber keine Präzession hervor! Das ist dann der Fall, wenn die Kreiselachse senkrecht oder parallel zu ihrer eigenen Richtung verschoben wird.

- Die Anzeige der **Drehgeschwindigkeit** im Kurvenflug durch den **Wendezeiger** beruht auf der **wirklichen Präzession** eines Kreisels mit waagerechter Rotationsachse (vgl. Abschnitt 2.2 „Der Wendezeiger“).
- In den **Aufrichtsystemen (erecting systems)** des **künstlichen Horizonts** und des **Kurskreisels** wird der Kreisel beim **Auswandern** aus der Normallage durch wirkliche Präzession wieder in seine **ursprüngliche Lage zurückgeführt**, die ja beim **künstlichen Horizont** den Bezug zum **natürlichen Horizont** und beim **Kurskreisel** den Bezug für die **Richtung** liefert.

  Das geschieht durch eine automatisch wirksam werdende Kraft, die genau die **Präzession** erzeugt, die der **Kreisel** benötigt, um seine **richtige Lage** wieder einzunehmen.

b) Die scheinbare Präzession des Kreisels (scheinbares Wandern)

Die Rotationsachse eines kräftefrei (vollkardanisch) aufgehängten rotierenden Kreisels behält ihre Lage im Raum ständig bei, das heißt, sie **zeigt** immer in **eine bestimmte Richtung.**

Wie uns schon bekannt ist, ändert die Kreiselachse ihre Lage (Ausrichtung) nur dann, wenn eine **äußere** Kraft auf sie einwirkt (wirkliche Präzession). Wird ein solcher Kreisel nun im Flugzeug parallel zur gekrümmten Erdoberfläche von einem Ort zum anderen transportiert oder macht er an einem bestimmten Ort auf der Erde die Erdrotation mit, so **scheint es** für einen Beobachter auf der Erde, als **verändere** die **Rotationsachse ihre Lage im Raum.**

Diese Erscheinung wird in der Fachsprache als **scheinbare Präzession (scheinbares Wandern des Kreisels)** bezeichnet.

In Bild 2.6 wird die scheinbare Präzession an einem freien Kreisel, der am Äquator die Erddrehung mitmacht, demonstriert.

Für einen Beobachter am Nordpol hat es den Anschein, als **„kippe“** oder **„wandere“** die **Rotationsachse des Kreisels** langsam und gleichmäßig aus der ursprünglichen Lage. Um 0000 Uhr war sie genau waagerecht zur Erdoberfläche und parallel zum Äquator ausgerichtet.

Aufgrund der **Erddrehung mit 15° pro Stunde** verändert sich nun die Lage der **Rotationsachse** gegenüber der Erdoberfläche im gleichen Maße **(15°/h).**

- **Nach drei Stunden** – um 0300 Uhr – ist sie bereits um **45°** gegenüber der Erdoberfläche **„gekippt“!**
- **Nach weiteren drei Stunden** – also um 0600 Uhr – ist sie um **90°** von ihrer ursprünglichen Lage abgewichen! Jetzt steht sie **senkrecht** zur Erdoberfläche!
- **Um 1200 Uhr** ist die Rotationsachse um **180° gekippt!**
- **Nach 24 Stunden** – um 2400 Uhr – hat sie **ihre ursprüngliche Lage** gegenüber der Erdoberfläche wieder eingenommen!

Diese Erscheinung erzeugt für den Beobachter auf der Erde die **Illusion**, als sei der **Kreisel** – oder seine Rotationsachse – innerhalb von 24 Stunden **einmal ganz „umgekippt“** (360°). In Wirklichkeit hat der Kreisel während des gesamten Zeitraums seine Lage im Raum ständig beibehalten, und es war keine **wirkliche,** sondern eine **scheinbare Präzession.**

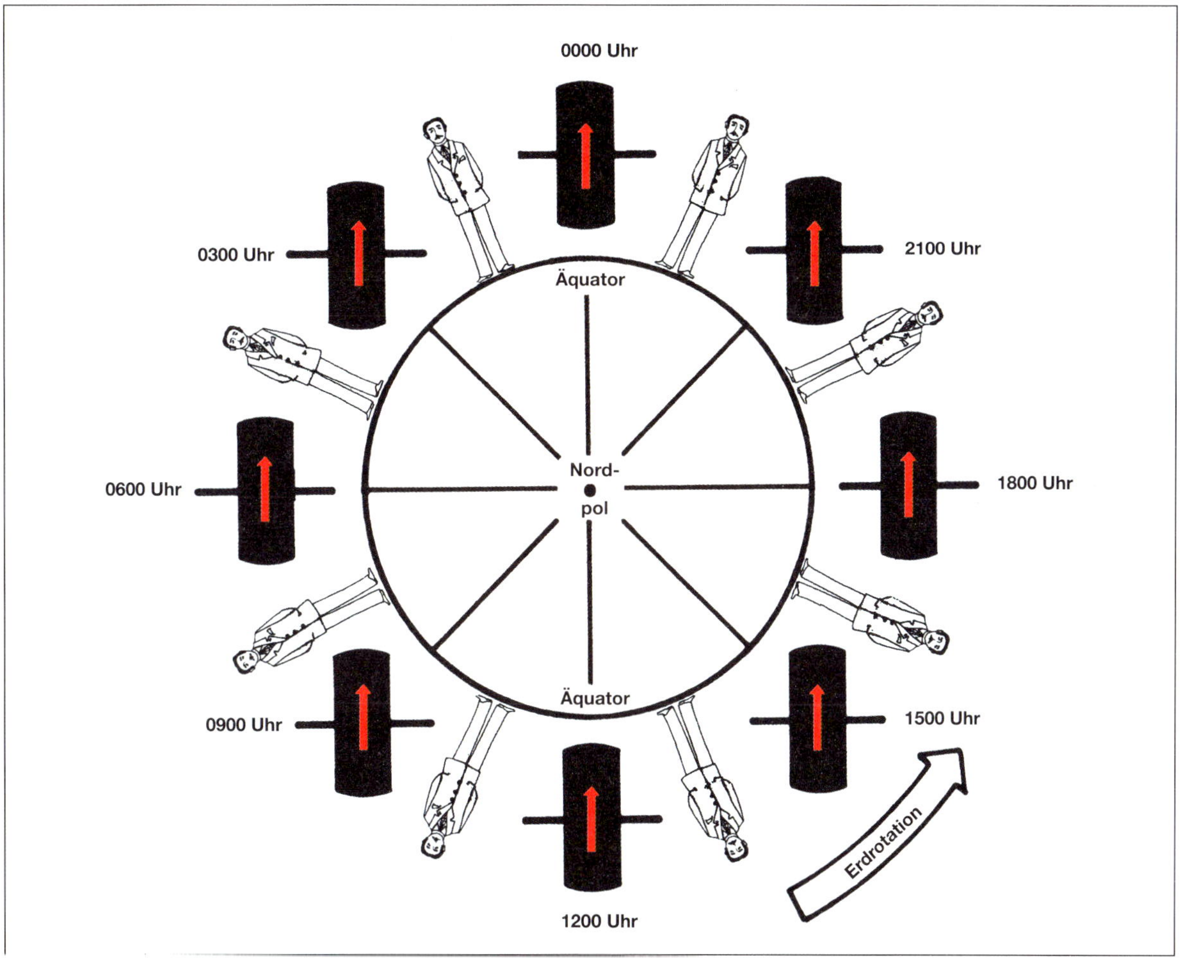

Bild 2.6 Scheinbare Präzession des Kreisels durch Erdrotation

Wird ein Kreisel im Flugzeug parallel zur gekrümmten Erdoberfläche von einem Ort auf der Erde zu einem anderen transportiert, so zeigen sich ähnliche Erscheinungen (siehe Bild 2.7).

Ein Beobachter am Äquator sieht die Rotationsachse waagerecht zur Erdoberfläche und parallel zur Rotationsachse der Erde ausgerichtet.

Wird der Kreisel jetzt vom Äquator zu einem der Pole transportiert, so entsteht die **Illusion, als sei die Kreiselachse** – am Pol angekommen – um genau 90° **gekippt,** weil sie nun genau **senkrecht** zur Erdoberfläche steht.

Bild 2.7 Lageänderung der Rotationsachse durch Transport des Kreisels von einem Ort zum anderen.

Die **Größe** der **scheinbaren Präzession** durch Transport des Kreisels im Flugzeug hängt ab von:

- der geographischen Breite,
- der ursprünglichen Ausrichtung der Rotationsachse,
- der **Richtung** und **Distanz,** über die der Kreisel transportiert wird.

Kurskreisel und **künstliche Horizonte** sind mit **vollkardanisch (kräftefrei)** aufgehängten Kreiseln ausgerüstet und werden von der **scheinbaren Präzession** (dem scheinbaren Wandern) des Kreisels **beeinflusst,** die jedoch (so weit wie möglich) durch **Aufrichtungssysteme** (erecting systems) **kompensiert** wird.

Die **scheinbare Präzession** kann man – bezogen auf die **Erdoberfläche** – aufteilen in:

horizontales (waagerechtes) **Auswandern des Kreisels**

und

vertikales (senkrechtes) **Auswandern des Kreisels.**

- Das **horizontale** Auswandern des Kreisels (bezogen auf die Erdoberfläche) nennt man **scheinbare Drift.** Mit folgender Formel kann sie leicht ausgerechnet werden:

Scheinbare Drift = 15° (pro Stunde) x Sinus der geographischen Breite

- Das **vertikale** Auswandern des Kreisels (bezogen auf die Erdoberfläche) wird als **scheinbares Kippen** bezeichnet und ist mit folgender Formel zu berechnen:

Scheinbares Kippen = 15° (pro Stunde) x Cosinus der geographischen Breite

- Die **Drift** – also das **horizontale Auswandern** – **eines Kurskreisels** setzt sich aus der **scheinbaren Drift** (horizontale Komponente der **scheinbaren Präzession**) und der **wirklichen Drift** (horizontale Komponente der **wirklichen Präzession**) zusammen und wird deshalb auch **Gesamtdrift des Kurskreisels** genannt (vgl. Abschnitt 2.4 „Der Kurskreisel“).

2.1.2 Aufhängung der Kreisel in den Kreiselinstrumenten des Flugzeugs (Freiheitsgrade des Kreisels)

Ein Kreisel hat grundsätzlich die Möglichkeit, sich um **drei Achsen** zu bewegen. Diese Bewegungsmöglichkeiten des Kreisels werden in der Fachsprache als **Freiheitsgrade des Kreisels** bezeichnet.

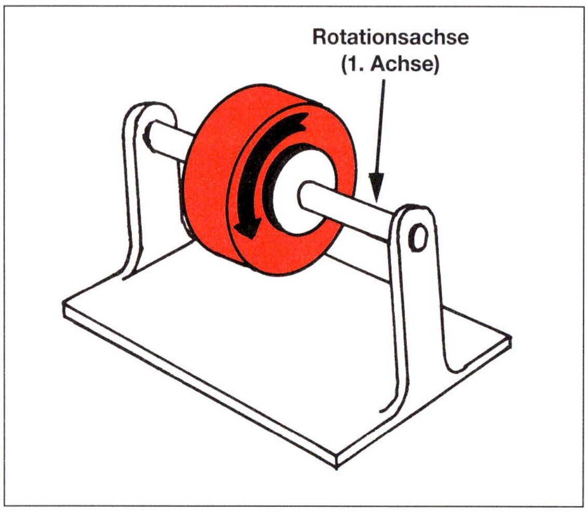

Bild 2.8 Rotationsachse (1. Achse)

Kann sich ein Kreisel nur um seine – fest gelagerte – Rotationsachse drehen (siehe Bild 2.8), dann ist seine Bewegungsfreiheit auf **eine Achse** (die Rotationsachse) **beschränkt.** Er besitzt folglich nur **einen Freiheitsgrad** und kann daher **nicht präzedieren** (auswandern).

Diese Aufhängung (Rotationsachse fest gelagert), die nur einen Freiheitsgrad bietet, wird in den Kreiselinstrumenten des Flugzeugs **nicht** angewendet.

Im **Wendezeiger** (vgl. Abschnitt 2.2) wird ein Kreisel mit **zwei Freiheitsgraden** für die Anzeige der Drehgeschwindigkeit im Kurvenflug benutzt. Dieser Kreisel hat die Möglichkeit sich zusätzlich **um eine zweite Achse** (siehe Bild 2.9) zu bewegen.

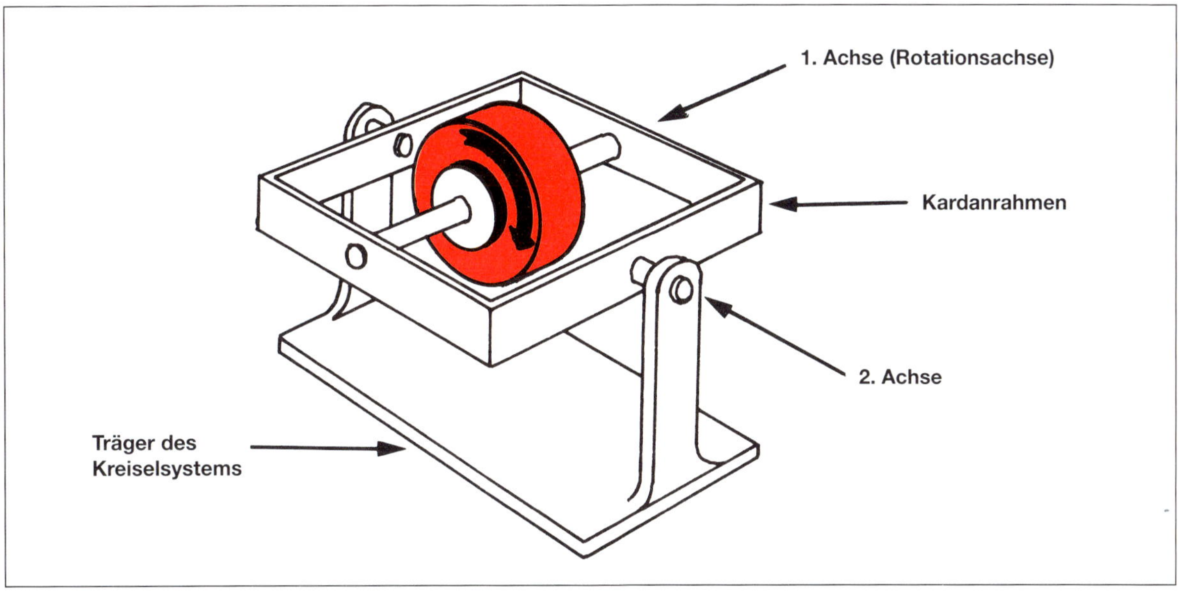

Bild 2.9 Kreisel mit 2 Freiheitsgraden (findet im Wendezeiger Anwendung)

Die **Rotationsachse** des Kreisels ist in einem so genannten **Kardanrahmen** gelagert, der **um eine zweite Achse drehbar** ist; diese zweite Achse steht senkrecht zur Kreiselachse (1. Achse). Dadurch ist der Kreisel in der Lage, bei **äußeren Krafteinwirkungen** (Einleiten der Kurve) zu **präzedieren.** Diese Aufhängungsart wird als **halbkardanische Aufhängung** bezeichnet.

Im **künstlichen Horizont** und im **Kurskreisel** werden Kreisel benötigt, die **drei Freiheitsgrade** – also Bewegungsmöglichkeit um alle drei Achsen – haben und **ihre Lage im Raum** während des Fluges **beibehalten.**

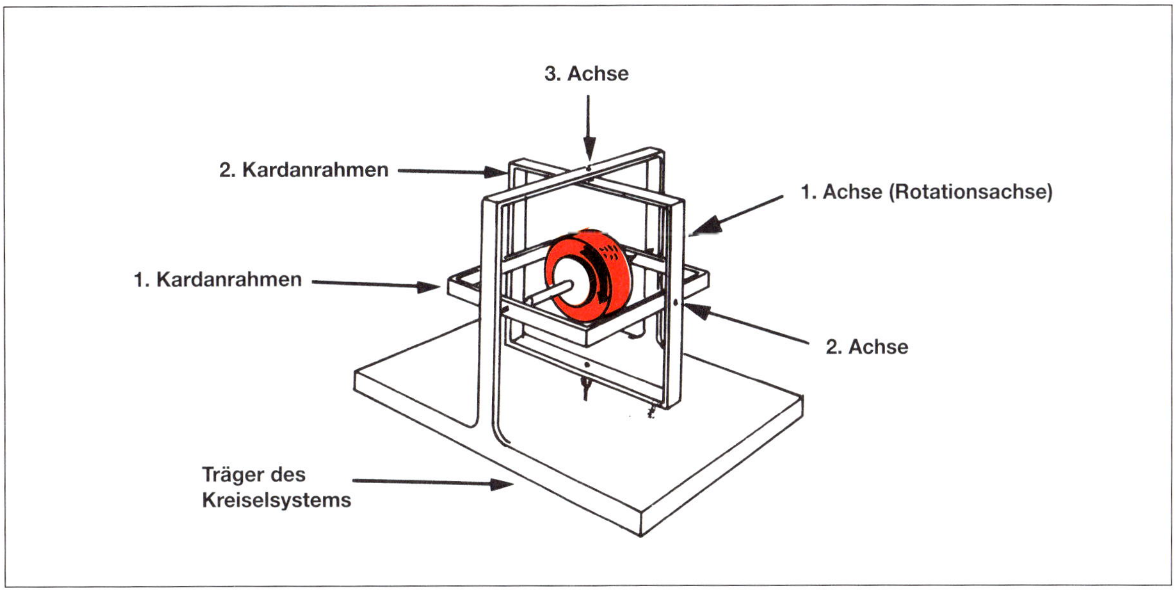

Bild 2.10 Kreisel mit 3 Freiheitsgraden (künstlicher Horizont und Kurskreisel)

Der **3. Freiheitsgrad** kann nur erreicht werden, wenn die **Aufhängung** um einen **zweiten Kardanrahmen (oder Kardanring)** ergänzt wird, der **senkrecht** zum **ersten** Rahmen angeordnet und **um eine 3. Achse drehbar ist,** die **senkrecht** auf der ersten und zweiten Achse steht.

Diese Art der Aufhängung wird **vollkardanische Aufhängung** genannt.

Merke: Die vollkardanisch aufgehängten Kreisel im künstlichen Horizont und im Kurskreisel behalten ihre Lage im Raum bei!

- Das Flugzeug bewegt sich **bei Fluglageänderungen** (angezeigt durch den **künstlichen Horizont**) und bei **Richtungsänderungen** (angezeigt durch den **Kurskreisel**) **als Träger** des Kreiselsystems **um** den **starr im Raum** ausgerichteten Kreisel!
- Der **künstliche Horizont** ist mit einem **vollkardanisch** aufgehängten Kreisel ausgerüstet, dessen **Rotationsachse senkrecht zur Erdoberfläche** ausgerichtet ist (vgl. Abschnitt 2.3)!
- Der **Kurskreisel** ist ebenfalls **vollkardanisch** aufgehängt. Seine **Rotationsachse** ist jedoch **horizontal (waagerecht) zur Erdoberfläche** ausgerichtet (vgl. Abschnitt 2.4)!

2.1.3 Anwendung der Kreiseleigenschaften in den Kreiselinstrumenten (Zusammenfassung)

- Im **Wendezeiger** (vgl. Abschnitt 2.2) findet die Eigenschaft der **Präzession des Kreisels** für die **Anzeige** der **Drehgeschwindigkeit** im Kurvenflug Anwendung. Der Kreisel besitzt **zwei Freiheitsgrade** und ist (wie in Bild 2.9 dargestellt) **halbkardanisch** in einem Kardanrahmen aufgehängt.

  Die **Rotationsachse** des Kreisels ist **waagerecht zur Erdoberfläche** und **parallel zur Flugzeugquerachse** ausgerichtet (siehe Bild 2.11).

  Der Kreisel **rotiert in Flugrichtung;** er **präzediert (kippt)** beim Einleiten einer Kurve (äußere Krafteinwirkung auf die Rotationsachse) **entgegengesetzt zur Schräglage (Kurvenrichtung)** des Flugzeugs.
- Im **künstlichen Horizont** (vgl. Abschnitt 2.3) wird die Eigenschaft eines **vollkardanisch** aufgehängten Kreisels **mit drei Freiheitsgraden** genutzt, seine **Lage im Raum beizubehalten** (Bezugsfläche für den Horizont). **Die Rotationsachse steht senkrecht zur Erdoberfläche.**

  Im Aufrichtungssystem des künstlichen Horizontes wird die **wirkliche Präzession** des Kreisels genutzt, um die Kreiselachse immer **senkrecht** zur Erdoberfläche zu halten.
- Der **Kurskreisel** (vgl. Abschnitt 2.4) ist ebenfalls **vollkardanisch** aufgehängt – besitzt also **drei Freiheitsgrade** – und behält **seine Lage im Raum** bei (Bezugsfläche für die Richtung). **Die Rotationsachse ist horizontal (waagerecht) zur Erdoberfläche** ausgerichtet.

  Im Aufrichtungssystem des Kurskreisels wird die **wirkliche Präzession** des Kreisels genutzt, um die Kreiselachse immer **horizontal** (waagerecht) zur Erdoberfläche zu halten.

2.2 Der Wendezeiger (Turn and Bank Indicator)

Der Wendezeiger war das erste Instrument auf Kreiselbasis, das für den Instrumentenflug ohne Sicht nach außen (Blindflug) eingesetzt wurde. Eigentlich besteht er aus einer Kombination von zwei Instrumenten, nämlich

- einem **Anzeigeteil mit Zeiger (Pinsel)** für die Anzeige der **Drehgeschwindigkeit** des Flugzeugs im **Kurvenflug** (auf Kreiselbasis)

und

- einer **Kugellibelle (Libelle)** zur Kontrolle der **Kurvenqualität.**

Befindet sich die Kugel in der **Mitte** der Libelle, so wird die Kurve mit der **richtigen Schräglage** geflogen. Mehr darüber in den folgenden Abschnitten; zunächst wollen wir uns mit der **Arbeitsweise** und dem **Aufbau** des **Wendezeigers** befassen.

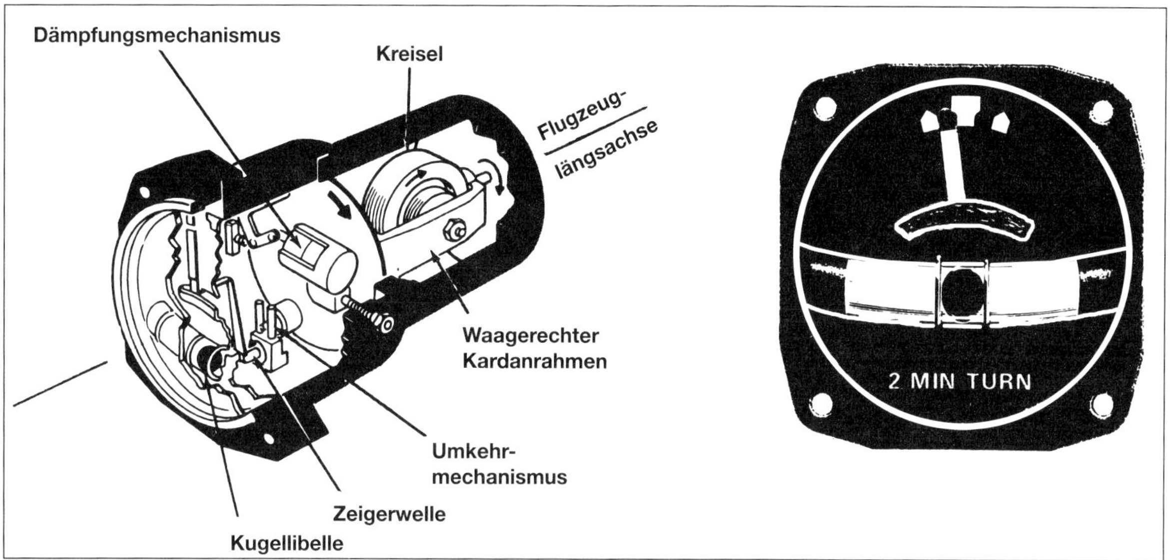

Bild 2.11 Der Wendezeiger

Der **Kreisel im Wendezeiger** hat eine **horizontal** (waagerecht) zur Erdoberfläche ausgerichtete **Rotationsachse,** die in einem horizontalen Kardanrahmen **parallel zur Querachse** des Flugzeugs gelagert ist.

Der **Kardanrahmen** ist wiederum so gelagert, dass er sich **um** die **Längsachse** des Flugzeugs nach links und rechts drehen kann. Eine **Drehung** um die **Hochachse** ist dagegen aufgrund dieser Lagerung **ausgeschlossen.**

Wenn das Flugzeug eine **Kurve** fliegt, wirkt auf den Kreisel die **horizontale** Komponente des **Auftriebs** als **Ablenkkraft** ein (vgl. Band 1, Technik I, Abschnitt 2.3 „Die Luftkraftresultierende"). Der Kreisel **präzediert (kippt)** deshalb in **entgegengesetzter Richtung.**

Fliegen wir zum Beispiel eine **Rechtskurve,** so wirkt die horizontale Komponente des Auftriebs nach rechts zur Innenseite der Kurve und der **Kreisel kippt** (präzediert) nach links zur Außenseite der Kurve.

Man könnte die Präzession des Wendezeigerkreisels auch so erklären: Im Kurvenflug wird der Kreisel um die Hochachse des Flugzeugs mitgeführt (also gedreht). Er reagiert darauf mit einer Präzession (Kippen) um die Längsachse des Flugzeugs – entgegengesetzt zur Kurvenrichtung.

Das **Kippen** (Präzedieren) des Kreisels in entgegengesetzter Richtung wird von einem **Umkehrmechanismus,** der das Kreiselsystem mit dem Zeiger (Pinsel) verbindet, so an den Zeiger übertragen, dass er die Kurvenrichtung **richtig** anzeigt.

Zwischen dem Gehäuse des Wendezeigers und dem Kardanrahmen des Kreiselsystems ist eine **Rückholfeder** installiert, die den Kreisel – nach Beendigung der Kurve – in seine Normallage (horizontale Ausrichtung der Kreiselachse) zurückholt. Diese Feder hält das Kreiselsystem während des Horizontalfluges aufrecht und hat zusätzlich die Aufgabe, das Präzedieren (Kippen) des Kreisels bei hohen Drehgeschwindigkeiten des Flugzeugs (= stärkere Präzession) – also in steilen Kurven – zu begrenzen. Mechanische Anschläge **verhindern** ein **Kippen** des Kreisels **um mehr als 45°** aus der Normallage.

Des Weiteren kann die **Federspannung justiert** werden, sodass die Anzeige des Pinsels genau der Drehgeschwindigkeit des Flugzeugs entspricht. Die Wendezeiger in den modernen Sport- und Reiseflugzeugen sind auf die so genannte **Standardkurve** eingestellt (= Vollkreis in zwei Minuten). Das entspricht einer **Drehgeschwindigkeit von 3 Grad pro Sekunde.**

Steht der **Pinsel** genau unter einer der rechts und links von der Mitte befindlichen Markierungen, so fliegt das Flugzeug eine **Standardkurve** (standard rate turn) mit der schon erwähnten Drehgeschwindigkeit von 3° pro Sekunde (180° pro Minute oder 360° in zwei Minuten).

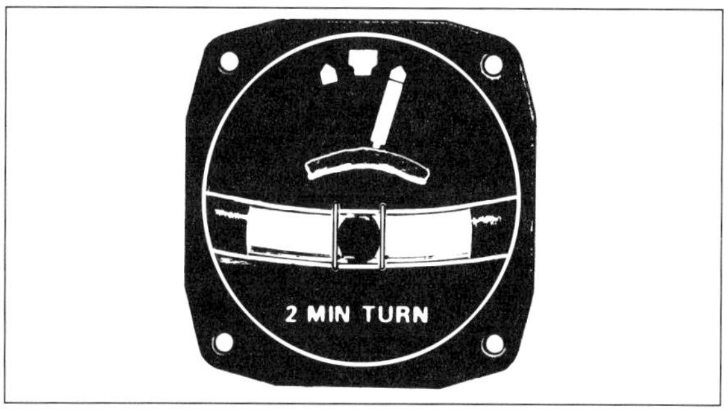

Bild 2.12 Standardkurve (standard rate turn) mit einer Drehgeschwindigkeit von 3° pro Sekunde

Diese **2-Minuten-Kurve ist die Standardkurve des Instrumentenfliegers!** Da mit zunehmender Fluggeschwindigkeit der **Kurvenradius** im **Quadrat zur Geschwindigkeit anwächst,** muss ein schnelles Flugzeug die 2-Minuten-Standardkurve mit größerer Schräglage fliegen als eine langsamere Maschine.

So würde z. B. ein einmotoriges Reiseflugzeug bei einer Geschwindigkeit von 130 Knoten mit 20° Schräglage genau 2 Minuten für einen Vollkreis (360°-Kurve) benötigen, während ein schnelles Düsenflugzeug mit 520 Knoten Geschwindigkeit und gleicher Schräglage (20°) den Vollkreis in ca. 8 Minuten beenden würde.

Um eine **konstante Drehgeschwindigkeit** (constant rate of turn) im Kurvenflug einhalten zu können, muss der Flugzeugführer **bei Geschwindigkeitsänderungen auch die Schräglage (Querlage)** des Flugzeugs entsprechend verändern.

Merke: Je höher die Fluggeschwindigkeit im Kurvenflug, desto größer muss die Schräglage sein, damit das Flugzeug eine bestimmte Drehgeschwindigkeit einhalten kann!

Für die **Standardkurve (2-Minuten-Kurve)** mit einer Drehgeschwindigkeit von 3° pro Sekunde kann man die **erforderliche Schräglage** leicht mit folgender **Formel** bestimmen:

$$\text{Schräglage in Grad für Standardkurve} = \frac{\text{TAS (kt)}}{10} + 7$$

Ein Beispiel: TAS (wahre Eigengeschwindigkeit) = 130 Knoten

$$\text{Schräglage in Grad für Standardkurve} = \frac{130}{10} + 7 = 20\ \text{Grad}$$

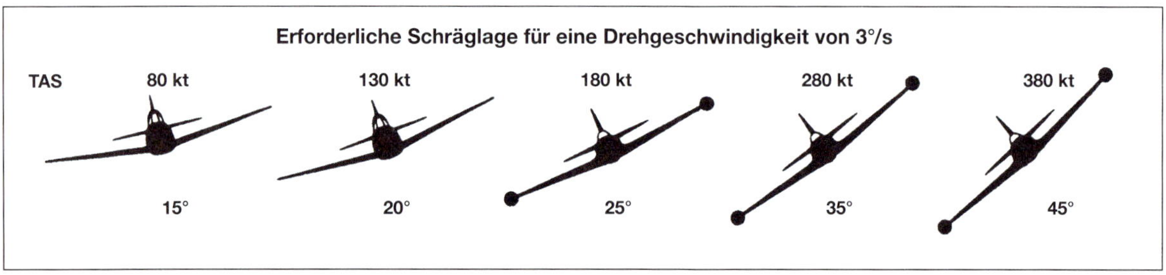

Bild 2.13 Erforderliche Schräglage für Standardkurven bei verschiedenen Geschwindigkeiten

Ein **Dämpfungsmechanismus** sorgt für eine **schwingungsfreie Anzeige** des **Pinsels.** Er besteht aus einem kleinen Zylinder mit Dämpfungskolben und ist über eine Stange mit dem Kreiselsystem verbunden. Der gewünschte Dämpfungseffekt kann mit einer Justierschraube genau eingestellt werden.

Die **Kreisel** in unseren Wendezeigern werden entweder **elektrisch oder pneumatisch** angetrieben und sind in einem luftdichten Gehäuse untergebracht, damit die Mechanik (u. a.) vor Staub und Feuchtigkeit geschützt ist.

In **elektrischen Wendezeigern** ist der Kreisel ein kleiner Elektromotor, der mit ca. 4 500 U/min rotiert.

Pneumatische Wendezeiger werden durch eine am Triebwerk angebrachte **Saugpumpe** (suction pump) angetrieben. Nach dem Anlassen des Triebwerks dauert es ungefähr drei Minuten, bis der mit kleinen Schaufeln versehene **Kreisel** seine **normale Betriebsdrehzahl** von ca. 8 000 bis 10 000 U/min durch den sich aufbauenden Sog (suction) erreicht.

Achtung: Immer vor dem Start überprüfen, ob die Sog-Anzeige (suction indication) im grünen Bereich liegt!

- **Zu niedriger Sog (low suction)** lässt den Kreisel zu langsam drehen. Die **Anzeige der Drehgeschwindigkeit** durch den **Pinsel** ist dann **zu gering!**
- **Überhöhter Sog (high suction)** verursacht zu hohe Drehzahlen des Kreisels. Die **Anzeige der Drehgeschwindigkeit** durch den **Pinsel** ist in diesem Falle **zu groß!**

Während des Rollens zum Start kann die **Funktion des Wendezeigers** leicht überprüft werden. Machen Sie ein paar S-Kurven (leichte Betätigung der Bremsen nach links und rechts). Der **Pinsel** des Wendezeigers **muss** die eingeleitete Kurve **sofort anzeigen** und darf nicht träge auf die Richtungsänderung reagieren.

Die **Kugellibelle** des Wendezeigers arbeitet **völlig unabhängig vom Kreiselteil** des Instruments. Sie dient zur **Überwachung der Kurvenqualität,** das heißt, sie zeigt uns an, ob die Kurve **mit der richtigen Schräglage** geflogen wird.

Wie arbeitet nun die Kugellibelle? – Ein Glasröhrchen, das mit einer Dämpfungsflüssigkeit (weißes Kerosin) gefüllt ist, beherbergt eine Stahlkugel, die sich frei bewegen kann. Das Röhrchen ist kreisbogenförmig nach oben gekrümmt. Bei waagerechter Lage des Röhrchens – also im sauberen Horizontalflug – sucht die Kugel aufgrund der Schwerkraft immer den tiefsten Punkt auf. Dieser Punkt stellt die Mitte des Glasröhrchens dar. Durch zwei Begrenzungsstriche – sozusagen als Käfig – ist dieser Mittelraum so markiert, dass die Kugel genau dazwischen passt.

Merke: Im sauberen Horizontalflug hält die Schwerkraft die Kugel immer an der tiefsten Stelle in der Mitte des Röhrchens fest!

In einer Kurve wirken auf die Kugel **zwei Kräfte** ein: **die Schwerkraft und die Zentrifugalkraft.**

- Wird die **Kurve** mit einer der Drehgeschwindigkeit des Flugzeugs **entsprechenden Schräglage (Querlage)** – also **koordiniert (= sauber)** – geflogen, so befinden sich **alle Kräfte im Gleichgewicht** und die Kugel bleibt in der Mitte.

Bild 2.14 **Saubere Kurve** – alle Kräfte sind im Gleichgewicht, die Kugel in der Mitte! (Vgl. auch Band 1, Technik I, Abschnitt 2.3 „Die Luftkraftresultierende")

- Fliegen wir eine **Kurve** mit einer für die Drehgeschwindigkeit **zu geringen Schräglage (Schiebekurve),** so ist die **Zentrifugalkraft** gegenüber der horizontal wirkenden Auftriebskomponente **zu groß.** Die **Kugel** wird **nach außen gezwungen** – bei einer Linkskurve nach rechts und bei einer Rechtskurve nach links.

Maßnahmen, um das Flugzeug in den sauberen (koordinierten) Kurvenflug zurückzuführen:

- **Schräglage vergrößern**

oder

- **Drehgeschwindigkeit verringern!**

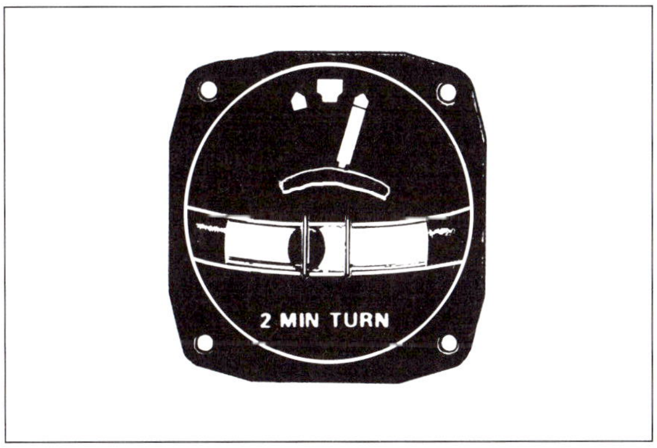

Bild 2.15 **„Schiebekurve"** mit zu geringer Schräglage – Kugel außen! (Vgl. auch Band 1, Technik I, Abschnitt 2.3 „Die Luftkraftresultierende")

- In einer **Kurve** mit einer für die Drehgeschwindigkeit **zu großen Schräglage (Schmierkurve)** ist die **Zentrifugalkraft zu gering.** Die **Kugel** wird durch die zu große horizontal wirkende Komponente des Auftriebs **nach innen gezwungen** – bei einer Linkskurve nach links und bei einer Rechtskurve nach rechts.

Maßnahmen, um das Flugzeug in den sauberen (koordinierten) Kurvenflug zurückzuführen:

- **Schräglage verringern**

oder

- **Drehgeschwindigkeit vergrößern!**

Bild 2.16 **„Schmierkurve"** mit zu großer Schräglage – Kugel innen! (Vgl. auch Band 1, Technik I, Abschnitt 2.3 „Die Luftkraftresultierende")

Die Kugellibelle des Wendezeigers zeigt uns also an, ob wir eine Kurve sauber (koordiniert) fliegen. Sie ist somit ein Überwachungsgerät für die **Kurvenqualität,** das jede Ungereimtheit zwischen Schräglage und Drehgeschwindigkeit des Flugzeugs durch Auswandern der Kugel aus der Mitte sofort anzeigt.

In jüngster Zeit wurde der Wendezeiger in vielen modernen Flugzeugen durch den so genannten **„Turn Coordinator"** (Kurven-Koordinator) ersetzt. Er arbeitet nach dem gleichen Prinzip wie der Wendezeiger, stellt aber die Situation im Kurvenflug **viel anschaulicher dar.**

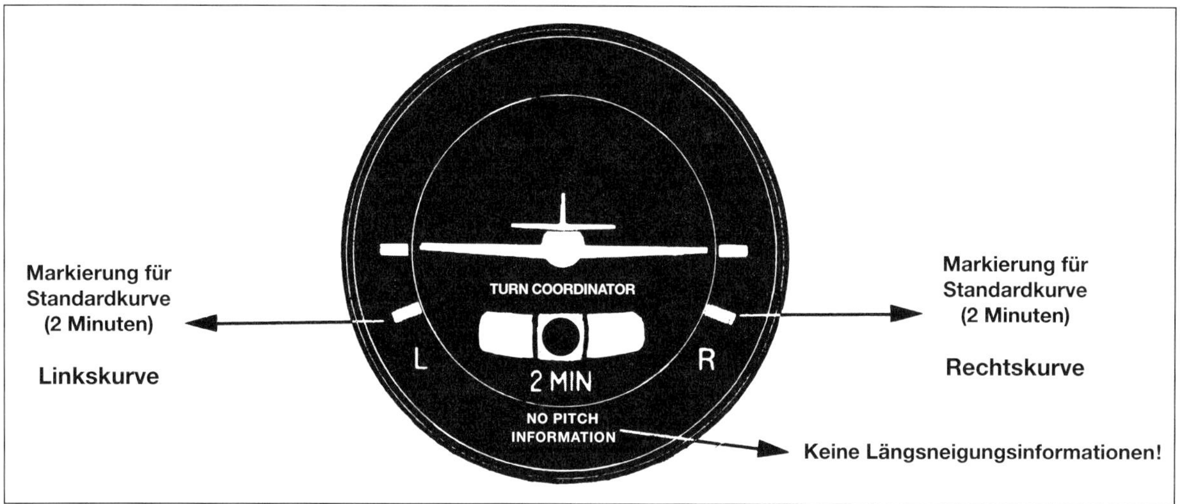

Bild 2.17 Der Turn Coordinator (Kurven-Koordinator)

Der altbewährte **„Pinsel" des Wendezeigers** wurde durch ein **Flugzeugsymbol** ersetzt, das die Drehgeschwindigkeit des Flugzeugs anzeigt, während die Kugellibelle unverändert übernommen wurde.

Zum Schluss sei noch erwähnt, dass der Wendezeiger durch die Entwicklung des künstlichen Horizonts im Instrumentenflug stark an Bedeutung verloren hat. Er ist aber immer noch das zuverlässigste Kreiselinstrument für die **Rückführung** des Flugzeugs **aus gefährlichen Flugzuständen** (z. B. Trudeln) in die Normalfluglage beim Instrumentenflug.

2.3 Der künstliche Horizont (Artificial Horizon oder Attitude Indicator)

Der künstliche Horizont ist das einzige Flugüberwachungsinstrument auf Kreiselbasis, das dem Flugzeugführer ein **direktes Bild über die Fluglage** des Flugzeugs vermittelt. Alle anderen Instrumente können nur indirekt für die Bestimmung der Fluglage verwendet werden.

Der Kreisel des künstlichen Horizonts ist **vollkardanisch** aufgehängt, hat also **drei Freiheitsgrade** und seine Rotationsachse steht **senkrecht** (lotrecht) zur Erdoberfläche. Das Flugzeug dreht sich bei Änderungen der Fluglage um das durch hohe Drehzahlen des Kreisels (15 000 bis 20 000 U/min) starr im Raum ausgerichtete **Kreiselsystem** herum, welches den Bezug zum natürlichen Horizont liefert.

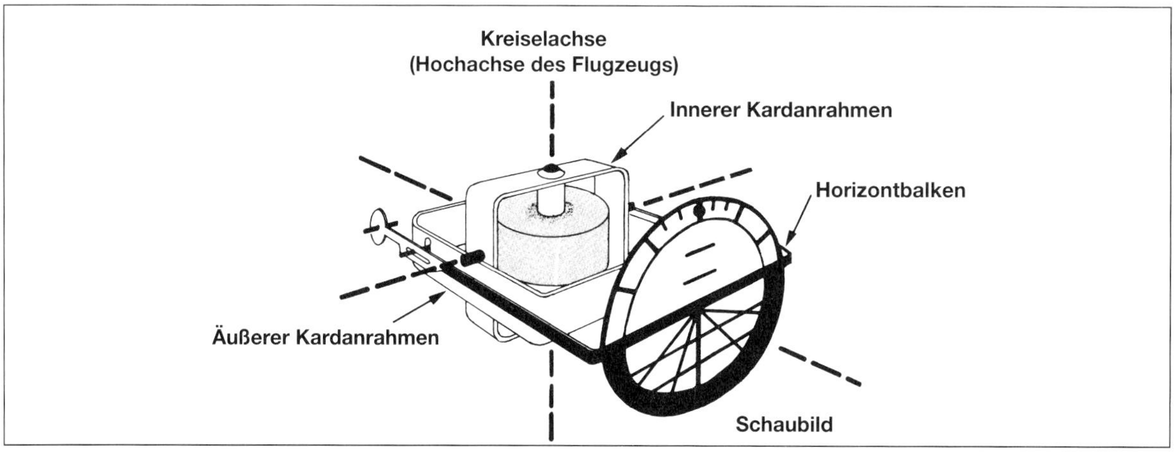

Bild 2.18 Schematische Darstellung des künstlichen Horizonts (stark vereinfacht)

Der Kreisel ist – wie wir schon wissen – im inneren Kardanrahmen gelagert, der wiederum drehbar in einem zweiten (äußeren) Kardanrahmen aufgehängt ist.

Das Instrumentengehäuse – und somit das Flugzeug selbst – dient als **dritter Kardanrahmen** und kann sich um das im Inneren befindliche (seine Lage im Raum beibehaltende) Kreiselsystem nach allen Richtungen bewegen.

Horizontbalken und Schaubild des künstlichen Horizonts sind mit dem **Kreiselsystem** gekoppelt, während ein **Flugzeugsymbol (Miniaturflugzeug)** fest mit dem **Gehäuse** verbunden ist (siehe Bild 2.19).

Das den Horizont mit Himmel (blau) und Erde (schwarz) darstellende Schaubild (ältere Modelle haben das nicht) wird durch den Kreisel immer in einer Lage gehalten, die mit dem natürlichen Horizont übereinstimmt.

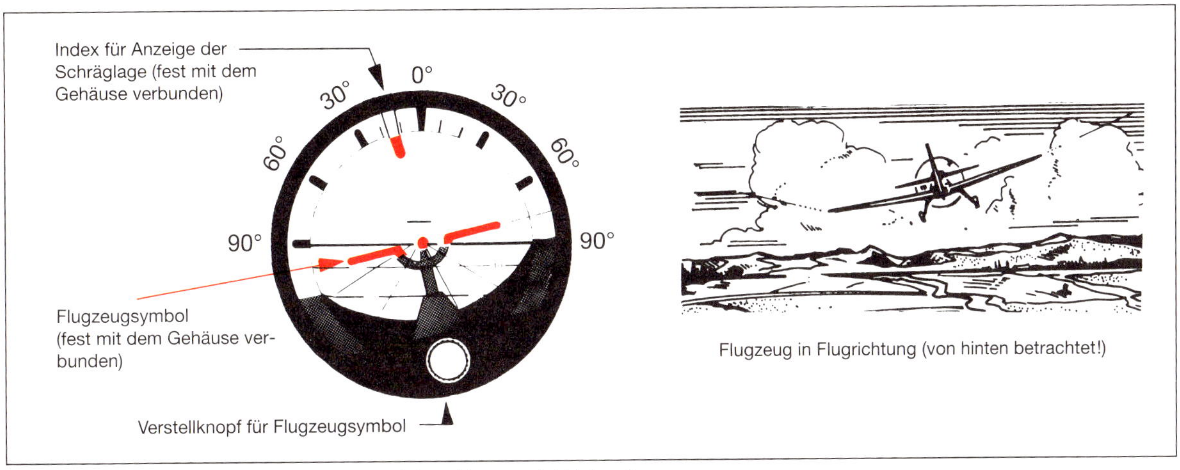

Bild 2.19 Anzeige der Fluglage durch den künstlichen Horizont (hier: normale Linkskurve)

Das mit dem Flugzeug (Instrumentengehäuse) fest verbundene **Flugzeugsymbol** (Miniaturflugzeug) nimmt in **jeder Fluglage genau die Stellung zum Horizontbalken** des Instruments ein, die der **wirklichen Fluglage** des Flugzeugs in Bezug auf den **natürlichen Horizont** entspricht. Für uns scheint es so, als führe der Horizontbalken **(der künstliche Horizont)** bei Fluglageänderungen Bewegungen durch. In Wahrheit behält er jedoch mit dem Kreisel und dem inneren Kardanrahmen seine Lage im Raum immer bei, und das Flugzeug mit dem Instrumentengehäuse bewegt sich um das Kreiselsystem, welches den **künstlichen Horizont** „produziert“.

Auch die Markierung (Index) für die Anzeige **der Schräglage** (Querlage) ist – wie das kleine Flugzeugsymbol – **fest am Instrumentengehäuse installiert** und bewegt sich bei Querlageänderungen um einen kreiselstabilisierten Ring, der auf der oberen Hälfte mit einer **Gradskala** (10°, 20°, 30°, 60° und 90°) für die genaue **Anzeige der Querneigung** des Flugzeugs versehen ist (siehe Bild 2.19).

Das **Flugzeugsymbol** muss sich im **Horizontalflug (geradeaus)** genau mit dem **Horizontbalken** des Instruments **decken**; es kann – der **Beladung** des Flugzeugs **entsprechend** – vom Flugzeugführer mit einem **Verstellknopf** nach oben oder unten verschoben werden.

Die **Längsneigung** des Flugzeugs (Flugzeugnase über oder unter dem Horizont) wird vom **Flugzeugsymbol** des künstlichen Horizonts so angezeigt:

- Der **Punkt** in der Mitte des **Flugzeugsymbols** stellt die **Nase** unseres Flugzeugs dar. Die **Bewegungen** dieses Punktes – in Bezug auf den Horizontbalken – zeigen uns an, ob sich die **Nase** (des wirklichen Flugzeugs) **über** oder **unter** dem natürlichen Horizont befindet (siehe Bild 2.20).

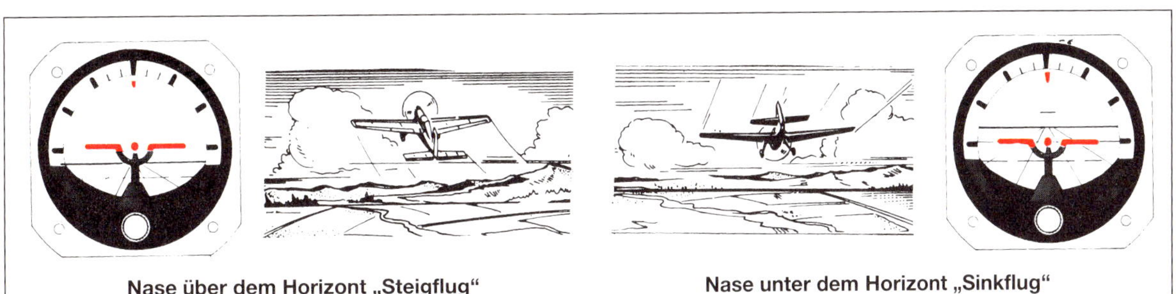

Bild 2.20 Anzeige der Längsneigung des Flugzeugs (Steig- oder Sinkflug)

Das Kreiselsystem des künstlichen Horizonts unterliegt der **scheinbaren Präzession** durch Erdrotation und Fortbewegung des Flugzeugs von einem Ort zum anderen. Dadurch verändert die Rotationsachse des Kreisels ihre Lage zur Erdoberfläche. Um die daraus resultierenden **Fehlanzeigen** auszuschließen, ist der Kreisel **mit einem Pendel verbunden**, das infolge der Schwerkraft stets **senkrecht** steht und somit die Kreiselachse immer **senkrecht zur Erdoberfläche** ausrichtet.

Diese Pendelkorrektur des Horizontkreisels wird auch **Schwerkraftfesselung** genannt.

Trotz des eben erwähnten Aufrichtsystems ist die **Anzeige** des künstlichen Horizonts noch mit einigen **Fehlern** behaftet, auf die wir noch kurz eingehen müssen. Es handelt sich in erster Linie um folgende Fehler:

- **Beschleunigungsfehler**

und

- **Kurvenfehler.**

Der **Beschleunigungsfehler** wird durch **wirkliche Präzession** des Kreisels bei Beschleunigungen oder Verzögerungen (Verlangsamung) des Flugzeugs hervorgerufen.

Wird das Flugzeug (z. B. beim Start) **beschleunigt,** so präzediert der Kreisel so, dass der Horizontbalken nach unten bewegt wird. Daraus resultiert folgende **Fehlanzeige:**

- **Nase des Flugzeugs erscheint leicht über dem Horizont!**

Aus diesem Grunde werden bei einem Instrumentenstart mit schlechten Sichtbedingungen andere Instrumente zur Hilfe genommen, um festzustellen, ob das Flugzeug sich wirklich im Steigflug befindet.

Bei **Verzögerungen** (Verringerung der Fluggeschwindigkeit) wird der Horizontbalken durch **wirkliche Präzession nach oben** bewegt. Daraus ergibt sich folgende **Fehlanzeige:**

- **Nase des Flugzeugs erscheint leicht unter dem Horizont!**

Im Kurvenflug verursacht die **Zentrifugalkraft** ein Präzedieren des Kreisels zur Innenseite der Kurve hin. Die Präzession nimmt mit zunehmender Schräglage zu und ist in der Kurve selbst am größten. Daraus ergeben sich **Fehlanzeigen bis zu 5°** (Schräglage und Längsneigung), die jedoch durch den Aufrichtmechanismus nach Beendigung der Kurve in kurzer Zeit korrigiert werden. Das Instrument ist so kompensiert, dass der Fehler in einer Standardkurve (2-Minuten-Kurve) nicht auftritt.

Der **Kurvenfehler** soll beim künstlichen Horizont 5° (Schräglage und Längsneigung) **nicht überschreiten.** Bei größeren Fehlanzeigen muss eine Instrumentenwerkstatt aufgesucht werden.

In steileren Kurven (größere Präzession) kann der künstliche Horizont zwar für das Ein- und Ausleiten benutzt werden, jedoch müssen in der Kurve selbst **andere Instrumente** (Variometer und Höhenmesser) für die **genaue Kontrolle** der **Längsneigung** angewendet werden.

Künstliche Horizonte, die nicht **speziell** für den **Kunstflug ausgelegt** sind, haben bestimmte **Betriebsgrenzen.** Die Längs- und Querneigungsgrenzen sind vom Fabrikat und Modell abhängig. Sie betragen normalerweise

- **100° bis 110° bei Querneigungen (Schräglage),**
- **60° bis 70° in der Längsneigungsebene!**

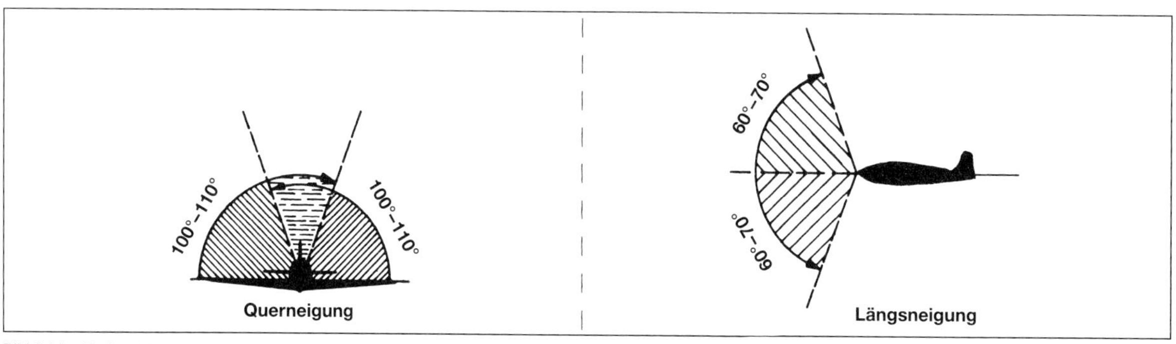

Bild 2.21 Die Betriebsgrenzen des künstlichen Horizonts

Werden die Betriebsgrenzen überschritten, so kann es leicht vorkommen, dass der **Kreisel umkippt** und die Anzeige unbrauchbar wird. Sie darf in solchen Fällen **niemals** zur **Bestimmung der Fluglage** herangezogen werden!

Erst nachdem – im Horizontalflug – der Aufrichtmechanismus den Kreisel wieder aufgerichtet hat, kann das Instrument erneut für die Kontrolle der Fluglage verwendet werden.

Zum Schluss noch einige Anzeigemöglichkeiten des künstlichen Horizonts, die sich jeder – zum Grundverständnis des Anzeigebildes – gut einprägen sollte:

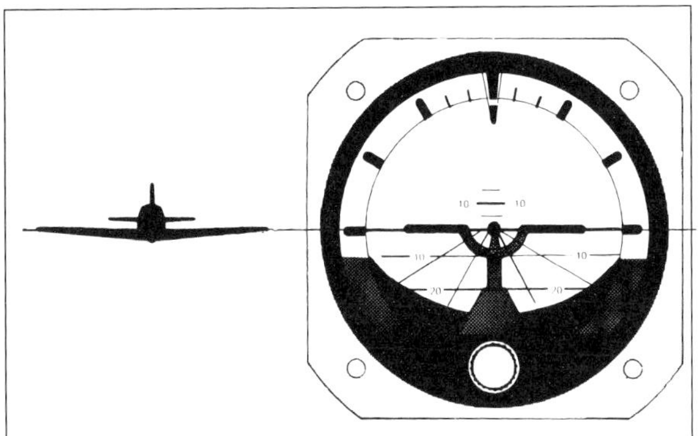

a) Horizontalflug (geradeaus)

Wir erinnern uns:

Das Gehäuse des künstlichen Horizonts ist fest mit dem Flugzeug verbunden. Flugzeugsymbol und Anzeigeindex sind mit dem Gehäuse des künstlichen Horizonts ebenfalls fest verbunden!

Der Kreisel, der seine Lage im Raum immer beibehält, liefert uns über einen Übertragungsmechanismus die Anzeigen bezüglich der Schräglage (Querneigung) und zeigt außerdem an, ob wir uns im Horizontal-, Steig- oder Sinkflug befinden.

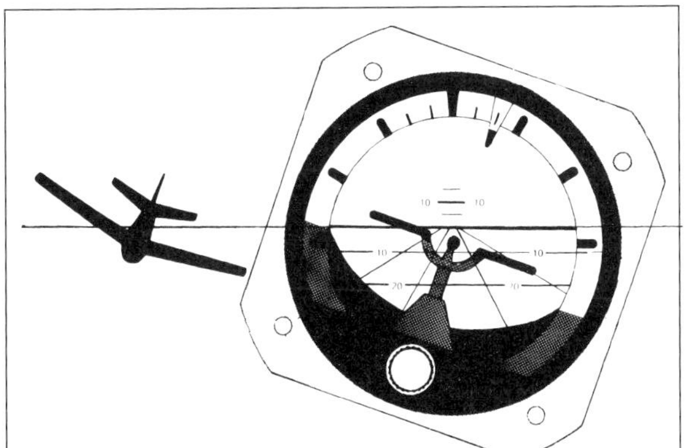

b) Sinkflugkurve rechts

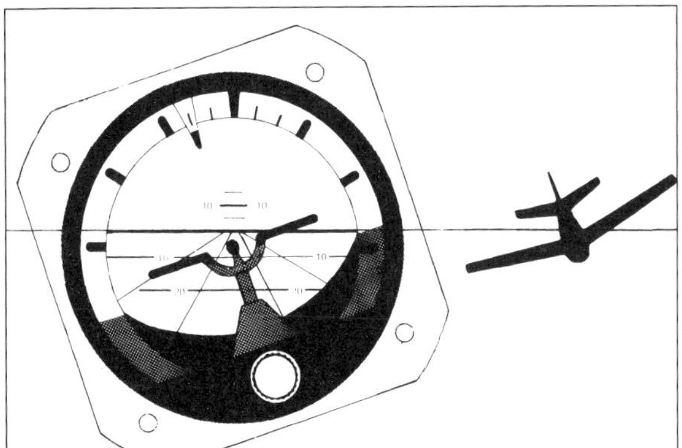

d) Sinkflugkurve links

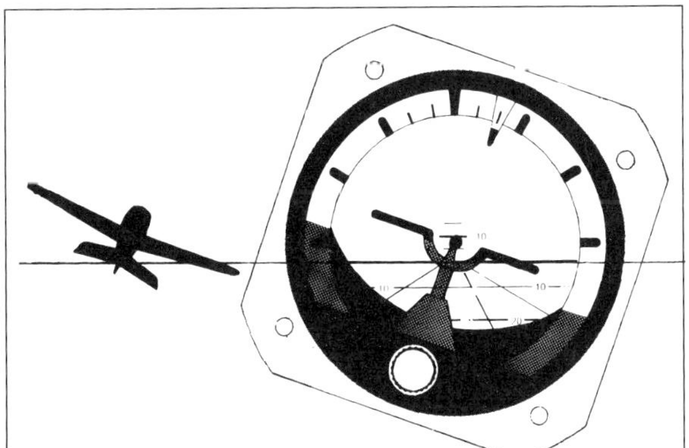

c) Steigflugkurve rechts

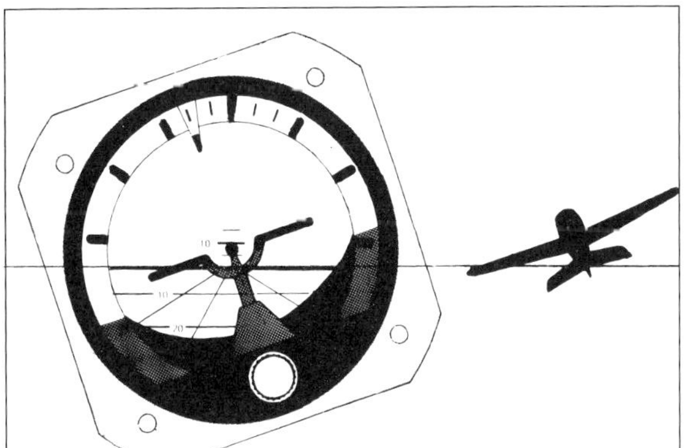

e) Steigflugkurve links

Bild 2.22.a–e Verschiedene Anzeigen des künstlichen Horizonts

2.4 Der Kurskreisel (Directional Gyro oder Heading Indicator)

Der Kurskreisel – oft fälschlicherweise auch Kreiselkompass genannt – soll dem Flugzeugführer ein **genaues Einhalten des Kurses** ermöglichen.

Der **Magnetkompass** (vgl. Band 4 A, Flugnavigation) unterliegt bei böigem Wetter, im Kurvenflug und bei Fluggeschwindigkeitsänderungen Beschleunigungskräften, die zum Teil erhebliche **Fehlanzeigen** verursachen und ein exaktes Richtungsfliegen (Kurshalten) sehr erschweren.

Der Kurskreisel arbeitet – wie der künstliche Horizont – auf Kreiselbasis und besteht im Wesentlichen aus einem **Kreisel** mit **drei Freiheitsgraden (vollkardanische Aufhängung),** dessen Rotationsachse im inneren Kardanrahmen **waagerecht** zur Erdoberfläche gelagert ist. Der Kreisel wird entweder pneumatisch oder elektrisch angetrieben.

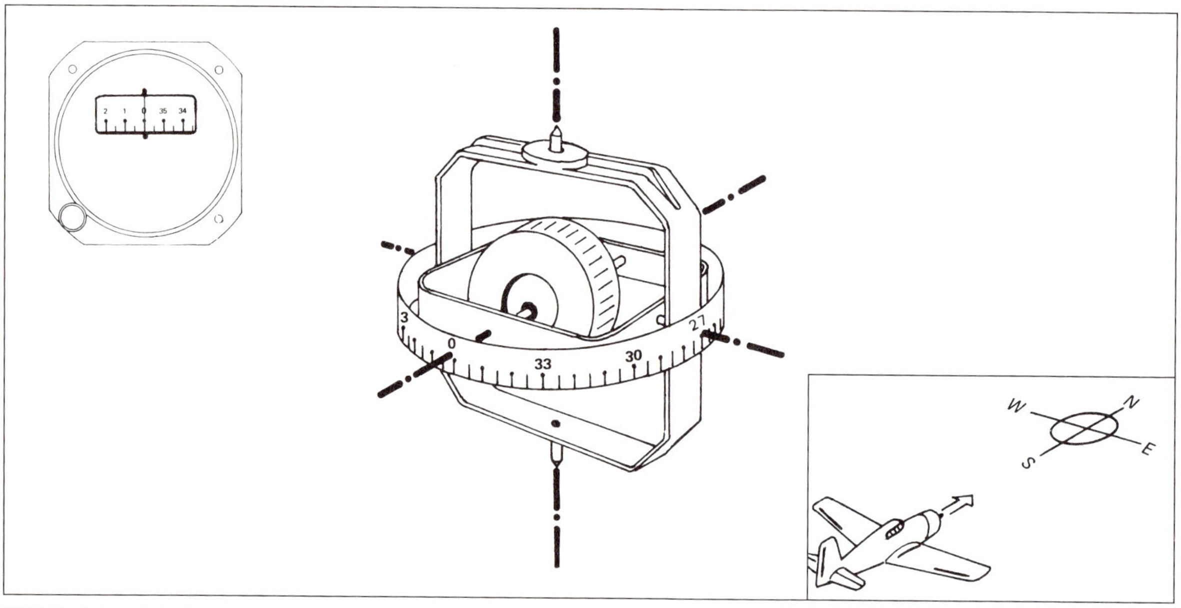

Bild 2.23 Schematische Darstellung des Kurskreisels (stark vereinfacht)

Mit dem äußeren Kardanrahmen des Kreiselsystems ist eine **Kursrose** mit 360-Grad-Einteilung fest verbunden, die – durch einen Einstellknopf – genau auf die vom **Magnetkompass** angezeigte Richtung (korrigiert um die Deviation) eingestellt werden muss, z. B. vor dem Start in Startposition nach der bekannten missweisenden Richtung der jeweiligen Piste.

Während des Einstellvorgangs wird der waagerecht liegende (innere) Kardanrahmen durch einen Hebel festgehalten (caging mechanism), damit der Kreisel durch die Drehung der Kursrose auf den gewünschten Kurs nicht präzediert (kippt).

Nach der Einstellung des Kurskreisels wird der innere Kardanrahmen durch Loslassen des Einstellknopfes wieder freigegeben, und **das Kreiselsystem behält dann seine Lage im Raum bei.** Jede, auch die kleinste, Kursänderung kann nun auf der mit dem Kreisel verbundenen **Kursrose** abgelesen werden.

Fliegt das Flugzeug eine Kurve, so scheint es, als drehe sich die Kursrose im Instrumentengehäuse. In Wirklichkeit dreht sich jedoch das Flugzeug mit dem Gehäuse, das den dritten Kardanrahmen darstellt, um den **raumstabilen Kurskreisel** mit der Kursrose.

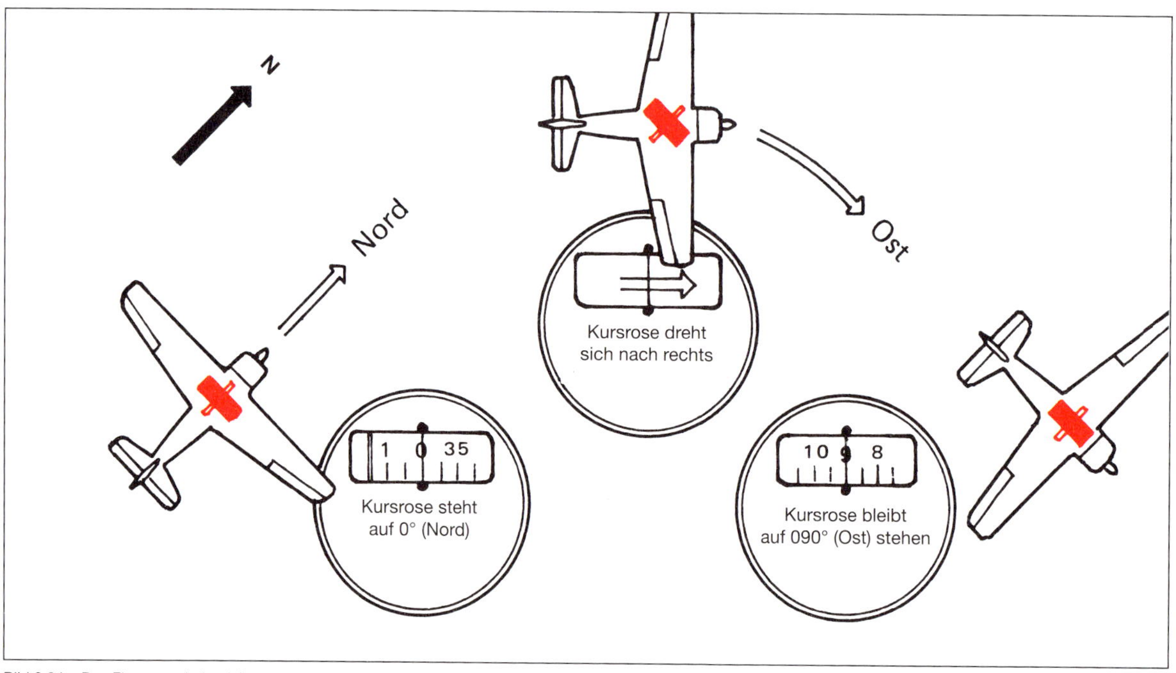

Bild 2.24 Das Flugzeug dreht sich um den raumstabilen Kurskreisel.

Merke: Der Kurskreisel ist kein „richtungssuchender" Kompass!

Er besitzt also **keine nordweisende Eigenschaft** wie der Magnetkompass und muss deshalb im unbeschleunigten Horizontalflug genau nach dem Magnetkompass eingestellt werden.

Obwohl der sehr schnell rotierende Kurskreisel (je nach Modell 10 000 bis 15 000 U/min) fast reibungslos gelagert ist, bewirken die **verbleibende Restreibung** und die **scheinbare Präzession** – hervorgerufen durch die Erdrotation – ein **langsames Auswandern** der Kreiselebene aus der **eingestellten Richtung.** Dieses Auswandern des Kurskreisels wird – wie schon früher erwähnt – als **Gesamtdrift des Kurskreisels** bezeichnet, weil es sich aus der **„wirklichen Drift"** (hervorgerufen durch wirkliche Präzession infolge Lagerreibung) und der **„scheinbaren Drift"** (hervorgerufen durch scheinbare Präzession infolge der Erdrotation) zusammensetzt.

Der größte Teil dieser Fehlerquellen des Kurskreisels wird durch ein **Aufrichtsystem** (erecting mechanism) **kompensiert;** dieses System lässt den Kreisel so präzedieren, dass die unerwünschten Präzessionserscheinungen weitgehend ausgeschaltet werden.

Die immer vorhandene **Restdrift,** die durch das Aufrichtsystem nicht ausgeglichen werden kann, muss vom Flugzeugführer selbst korrigiert werden.

- **Deshalb in Abständen von 15 bis 20 Minuten die Anzeige des Kurskreisels im unbeschleunigten Horizontalflug mit der Anzeige des Magnetkompasses vergleichen und – wenn nötig – nachstellen!**

Neuere Kurskreisel haben ein „rundes Gesicht". Sie arbeiten nach dem gleichen Prinzip wie das in Bild 2.23 schematisch dargestellte ältere Modell.

Die senkrecht stehende Kursrose wird bei Richtungsänderungen durch eine Zahnradübertragung gedreht, während sich bei den älteren Modellen das Flugzeug – im wahrsten Sinne des Wortes – um den mit einer ringförmigen Kursrose versehenen Kurskreisel bewegte.

Vorteil: Gegenüber der früher üblichen ringförmigen Kursrose, von der ja nur ein kleiner Ausschnitt im Anzeigefenster sichtbar war, bietet das moderne Anzeigebild den Überblick über die gesamte 360°-Rose und ist daher viel übersichtlicher!

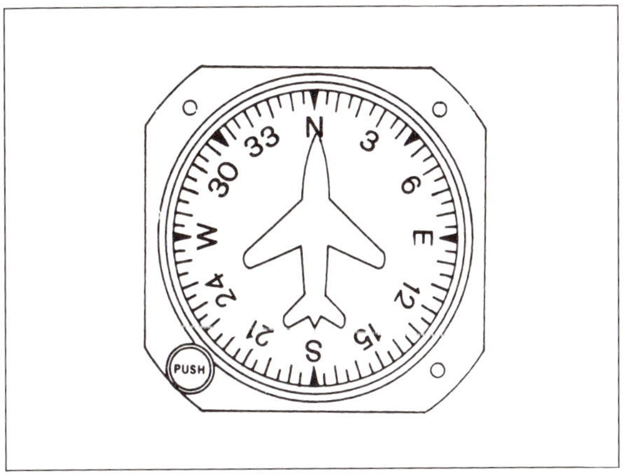

Bild 2.25 Moderner Kurskreisel mit kreisförmiger Kursrose

Der **Verstellknopf** (links unten) muss **zum Einstellen des richtigen Kurses** gleichzeitig gedrückt und gedreht werden. Wenn dann die Anzeige des Kurskreisels mit der des Magnetkompasses übereinstimmt, wird der Verstellknopf einfach losgelassen und die **Richtung stimmt.**

Merke: Kurskreisel während des Fluges nur im Horizontalflug ohne Beschleunigung nach der Magnetkompassanzeige einstellen!

Obwohl viele der modernen Kurskreisel – vor allem die teueren Modelle – in allen Fluglagen betriebssicher sind, sollten wir davon ausgehen, dass die **Betriebsgrenzen** normalerweise

- **bei 55° in der Quer- und Längsneigungsebene**

liegen.

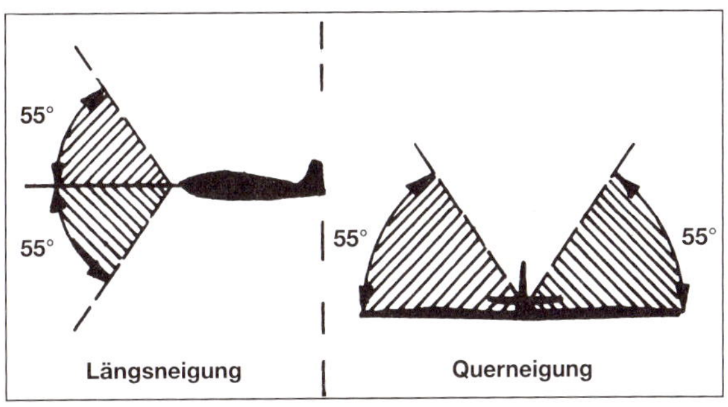

Bild 2.26 Betriebsgrenzen des normalen Kurskreisels

Das trifft insbesondere für die preiswerteren Modelle zu, die serienmäßig in Leichtbauflugzeuge eingebaut werden. Wer beabsichtigt diese Grenze zu überschreiten (z. B. im Kunstflug), der muss sich vorher genau nach den Eigenschaften des eingebauten Gerätes erkundigen. Insbesondere gilt das auch für die künstlichen Horizonte, die nur dann in jeder Fluglage einwandfrei arbeiten, wenn sie dafür ausgelegt sind (Spezialausführungen), vgl. Abschnitt 2.3 „Der künstliche Horizont".

- **Anzeichen** für vermutliches **Überschreiten** der Betriebsgrenzen:

  Kursrose dreht sich plötzlich sehr schnell in eine bestimmte Richtung!

- **Gegenmaßnahme:**

  Flugzeug in den Horizontalflug bringen, Verstellknopf drücken und den Kurskreisel neu einstellen!

- **Wichtig für alle Kreiselinstrumente mit pneumatischem Antrieb:**

  1. Die meisten **künstlichen Horizonte** und **Kurskreisel** in Sport- und Reiseflugzeugen arbeiten mit **pneumatischem Kreiselantrieb!**
  2. Für den **sicheren Betrieb** solcher Instrumente ist es **unerlässlich**, dass die vom Triebwerk des Flugzeugs angetriebene **Saugpumpe** (suction pump) einen **ausreichenden Unterdruck** (Sog = engl.: suction) erzeugt!
  3. Deshalb **vor jedem Start überprüfen**, ob sich die **Anzeigenadel** der Sog- oder Unterdruckanzeige (suction indicator) **im grünen Bereich (ca. 4,6 bis 5,4 inches Hg) befindet!**

3 Grundlagen des Instrumentenfliegens (Basic Instrument Flying oder Attitude Instrument Flying)

Am Anfang dieses Kapitels müssen leider ein paar warnende und klärende Worte zum Thema **Instrumentenflug** ausgesprochen werden.

Schon zu viele Privatflugzeugführer **ohne Instrumentenflugberechtigung** (IFR-rating) haben in der Vergangenheit ihr Leben oder ihre Unversehrtheit nur deshalb verloren, weil sie – in nicht zu begreifender Selbstüberschätzung – glaubten, mit den **hohen Anforderungen** fertig werden zu können, die das Fliegen nach Instrumenten in Schlechtwetterbedingungen – also ohne Sicht nach außen – an den Flugzeugführer stellt. Mancher forderte sein Schicksal dabei **in leichtfertigster Weise selbst** heraus und riss auf diese Weise auch noch seine Passagiere mit in den Tod oder machte sie zu Krüppeln.

Solchen **verantwortungslos** handelnden Piloten wird auch in der Zukunft kaum zu helfen sein. Sie missachten alle Warnungen und gut gemeinten Ratschläge der Luftfahrtbehörden und ihrer eigenen Fluglehrer und fliegen **vorsätzlich** in Instrumentenwetterbedingungen (**IMC** = **I**nstrument **M**eteorological **C**onditions) ein.

Leider erwischt es aber manchmal auch solche Flugzeugführer, die niemals **bewusst (oder mit Vorsatz)** in Instrumentenwetterbedingungen einfliegen würden. Sie werden unterwegs einfach von der Wetterentwicklung überrascht, entschließen sich vielleicht etwas zu spät zur Umkehr und sitzen dann plötzlich in einer Falle, aus der sie sich nicht mehr befreien können – ...und das kann jedem von uns einmal widerfahren, obwohl es bei Beachtung aller Vorschriften und Regelungen für Flüge nach Sichtflugregeln eigentlich ausgeschlossen sein müsste.

Wir wollen und können mit diesem Kapitel keinen IFR-Piloten aus Ihnen machen, dazu gehört eine gründliche Ausbildung mit Abschlussprüfungen – die folgenden Ausführungen sollen nur einen Zweck erfüllen:

- Vermittlung der **unbedingt notwendigen Kenntnisse** des **Instrumentenfliegens** für den eventuell auf Sie zukommenden Notfall!

Jeder Privatflugzeugführer ohne Instrumentenflugberechtigung sollte in der Lage sein, sein Flugzeug in der möglichen „Stunde X" zumindest so gut nach Instrumenten führen zu können, dass für seine Passagiere und ihn selbst keine Lebensgefahr aus der Notlage erwächst. Hierzu ist nicht der hohe Standard anzustreben, den ein ständig nach Instrumenten fliegender Berufsflugzeugführer benötigt. Dazu gehört eine langwierige theoretische und praktische Ausbildung, **sehr viel Übung** und **große Erfahrung!**

Das Ziel einer Instrumentenflugausbildung des VFR-Flugzeugführers ist klar abgegrenzt:

- **Beherrschung der Instrumentenflug-Manöver, die eine sichere Kursänderung oder Umkehr nach Instrumenten zu einem Punkt ermöglichen, von dem aus der Sichtflug wieder aufgenommen werden kann oder eine Notlandung nach Sicht möglich ist!**

Die nun folgende Einführung in die Theorie muss durch eine **praktische Ausbildung (mindestens 10 Stunden)** durch einen Fluglehrer ergänzt werden. Sie sollte mindestens die erwähnten Flugmanöver beinhalten und somit zu einer guten Grundlage für **weiteres Instrumentenflugtraining** und den Erwerb der **CVFR-Berechtigung** werden, einer Berechtigung zur Durchführung von kontrollierten Sichtflügen, die erhöhte Anforderungen bezüglich der Einhaltung von zugewiesenen Kursen und Flughöhen an den VFR-Flugzeugführer stellt.

Merke: CVFR-Flüge (kontrollierte Sichtflüge) sind und bleiben immer Flüge nach Sichtflugregeln, also VFR-Flüge!

Diese Flüge werden immer in Abstimmung mit den Flugverkehrskontrollstellen in bestimmten Lufträumen (Luftraum C unter FL 100 in der Umgebung von Verkehrsflughäfen und in oder oberhalb FL 100) durchgeführt, wobei sie von Flügen nach Instrumentenflugregeln (IFR) durch Zuweisung genau einzuhaltender Kurse und Flughöhen zur Vermeidung von Zusammenstößen gestaffelt werden. Während solcher Flüge hat der Luftfahrzeugführer ständig die Sichtflugregeln (VFR-Bedingungen) einzuhalten.

3.1 Die wichtigsten Grundregeln des Instrumentenfliegens

a) Sinnestäuschungen

Beim Instrumentenflug, ohne Sicht nach außen, treten – zum Teil sehr gefährliche – **Sinnestäuschungen** auf, die der Flugzeugführer unbedingt **ausschalten** muss!

- **Das einzig zuverlässige Sinnesorgan bei Instrumentenflugmanövern ist das Auge!**

Merke daher:

- **Wir dürfen uns nur auf das verlassen, was unsere Augen von den einzelnen Flugüberwachungsinstrumenten ablesen!**
- **Alle anderen Eindrücke können Sinnestäuschungen sein und müssen deshalb unbedingt ausgeschaltet werden!**

Man könnte den Instrumentenflug so definieren:

Die Beziehungspunkte für die Überwachung der Fluglage werden von außerhalb des Flugzeugs in den Führerraum verlegt. Hier dienen dann die Flugüberwachungsinstrumente als Symbole für die Fluglage des Flugzeugs.

b) Ständige systematische Überwachung der Instrumente

Die ständige Überwachung (Cross-Check) aller in Bild 3.1 dargestellten Flugüberwachungsinstrumente ist die **Grundlage des sauberen und sicheren Instrumentenfliegens.**

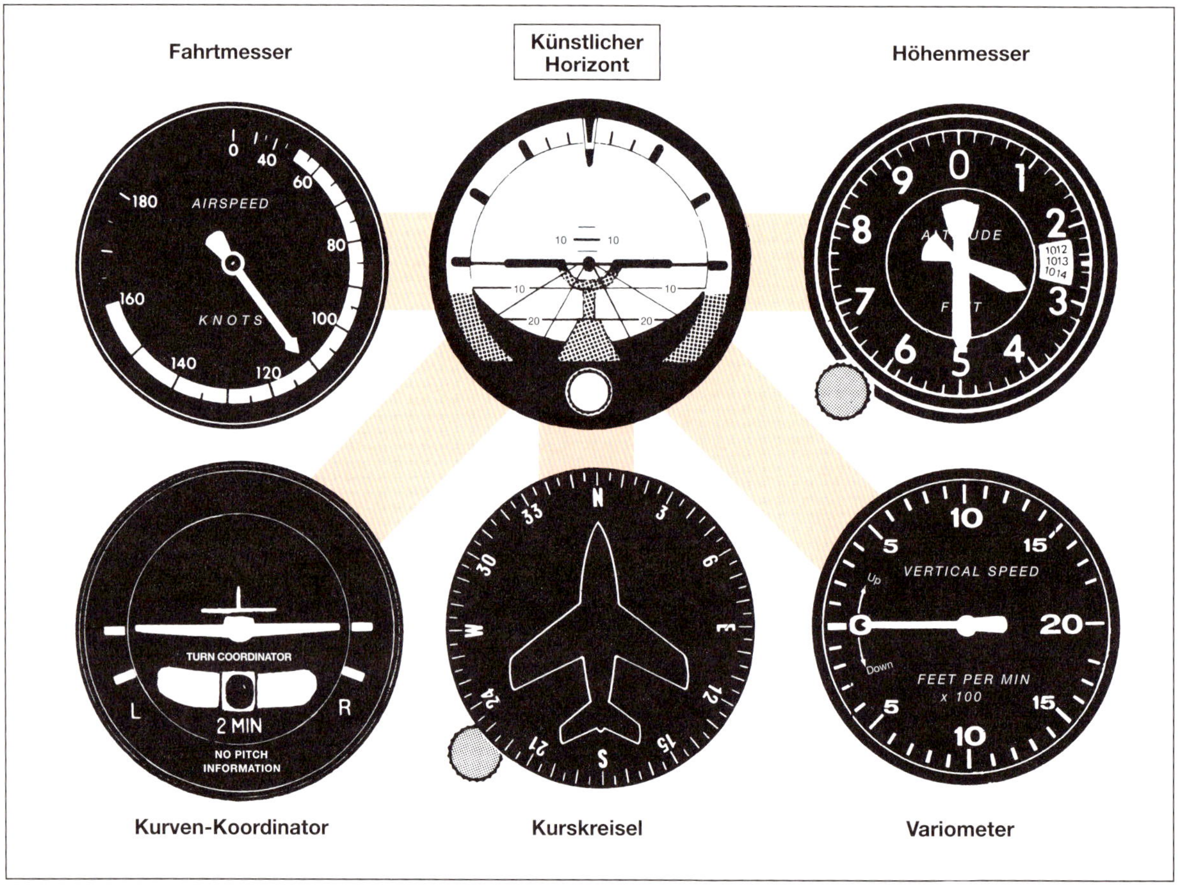

Bild 3.1 Die Flugüberwachungsinstrumente müssen ständig – vom künstlichen Horizont ausgehend – überwacht werden **(Cross-Check)**!

Der **künstliche Horizont** ersetzt beim Instrumentenfliegen den normalen Bezug zum natürlichen Horizont und ist deshalb als **Hauptinstrument für die Kontrolle der Fluglage** zu betrachten. Von ihm **ausgehend** werden bei einem Flug ohne Sicht nach außen **alle anderen Instrumente** in gleichmäßigen Abständen – aber nicht zu schnell! – **überwacht,** um sicherzustellen, dass die Anzeige des künstlichen Horizonts auch wirklich mit der Anzeige der **Nebeninstrumente** übereinstimmt.

Die Technik der ständigen und systematischen Überwachung (Cross-Checking the instruments) muss während der praktischen Übungen mit einem Fluglehrer immer und immer wieder trainiert werden. Nur die einwandfreie Beherrschung dieser vom künstlichen Horizont ausgehenden Überwachungstechnik (Cross-Checking) garantiert eine sichere und saubere Durchführung der einzelnen Instrumentenflugmanöver.

Um Ihnen eine Hilfestellung für die richtige Durchführung des Cross-Checks mit auf den Weg zu geben, haben wir in der bildlichen Darstellung der verschiedenen Flugmanöver **rote** und **weiße Verbindungslinien** zwischen dem künstlichen

Horizont und den anderen Flugüberwachungsinstrumenten angebracht, die Ihnen zeigen sollen, welchen Rang die einzelnen Instrumente beim **Cross-Check** – also der ständigen Überwachung der Instrumente – einnehmen.

- **Rote Verbindungslinien** bedeuten, dass die **Anzeigen dieser Instrumente** bei der Durchführung des gezeigten Flugmanövers **besonders genau** zu **überwachen** sind!
- **Weiße Verbindungslinien** zwischen dem künstlichen Horizont und anderen Instrumenten deuten an, dass **diese Instrumente immer** – wenn auch mit geringerer Aufmerksamkeit – mit in die **ständige Überwachung** (Cross-Check) einbezogen werden müssen!
- **Fehlt die Verbindungslinie** vom künstlichen Horizont zu irgendeinem Instrument, so ist die **Anzeige** dieses Instruments für die Durchführung des betreffenden Flugmanövers **nicht von wesentlicher Bedeutung.** Das Instrument sollte aber dennoch von Zeit zu Zeit in den Cross-Check einbezogen werden!

Anfänger oder ungeübte Flugzeugführer machen während des Fliegens nach Instrumenten beim Cross-Check besonders häufig folgende Fehler:

- **Der Blick fixiert sich auf ein einzelnes Instrument!**

  Dieses **Anstarren** eines einzelnen Instruments ist **sehr gefährlich,** weil daraus meist andere schwer wiegende Fehler resultieren. So fixieren zum Beispiel viele Flugzeugführer ohne Instrumentenflugerfahrung oft ihren Blick im Kurvenflug auf den Wendezeiger (Turn and Bank Indicator) bzw. auf den Kurven-Koordinator (Turn Coordinator), um die Kurve besonders genau zu fliegen. Dabei wird dann aber meist die Kontrolle der Längsneigung (um die Querachse) vernachlässigt, weil die darüber Auskunft gebenden Instrumente nicht mehr beachtet werden.

  Folge: Das Flugzeug verliert – zuerst langsam – und dann immer schneller an Höhe. Das kann dann in einer Sturzflugspirale („Friedhofspirale") enden, die schon manchen ungeübten „Instrumentenflieger" das Leben gekostet hat.
- **Zu hastige Überwachung der Instrumente!** Das führt beim Anfänger oft dazu, dass er zwar alle Instrumente **gesehen** hat, aber anschließend nicht mehr weiß, was sie ihm eigentlich angezeigt haben.
- **Verschiedene Instrumente werden beim Cross-Check ausgelassen (vergessen),** obwohl sie für die saubere Durchführung des Manövers wichtig sind!

  Ein solcher Fehler schleicht sich bei mangelnder Übung gerne dann ein, wenn Fluglageänderungen vorzunehmen sind! Zum Beispiel beim Übergang vom Steig- oder Sinkflug in den Horizontalflug. Oft wird dann nur auf die Instrumente für die Kontrolle der Längsneigung geachtet, und hierbei werden dann die **Instrumente vernachlässigt,** die **Auskunft über den Kurs und die Schräglage** (Querneigung) geben. Daraus ergeben sich nicht selten ungewollte Querneigungen (Schräglagen) und Abweichungen vom einzuhaltenden Kurs.

c) Die richtige Auslegung der Instrumentenanzeigen

In den vorhergehenden Kapiteln haben wir die einzelnen Flugüberwachungsinstrumente – und besonders deren Arbeitsweise – genauer kennen gelernt. Diese Kenntnisse müssen jetzt in die Praxis umgesetzt werden. Die richtige Auslegung der Instrumentenanzeigen während eines Fluges nach Instrumenten bedeutet, dass wir jederzeit in der Lage sein müssen, die **Einzelinformationen** der verschiedenen Instrumente so **zu einem Gesamtbild zusammenzufügen,** dass eindeutige **Klarheit über die Fluglage** und die **Flugleistung** des Flugzeugs besteht.

Bei jedem Flugmanöver müssen mehrere Instrumente abgelesen und **richtig** interpretiert werden, damit die Fluglage **sicher beurteilt** werden kann.

Für die Kontrolle der **Längsneigung** des Flugzeugs (um die Querachse) werden folgende Instrumente verwendet:

- **künstlicher Horizont,**
- **Fahrtmesser,**
- **Höhenmesser,**
- **Variometer.**

Die **Schräglage (Querneigung)** des Flugzeugs wird beim Instrumentenflug mit **folgenden** Instrumenten kontrolliert:

- **künstlicher Horizont,**
- **Wendezeiger (Turn and Bank Indicator) oder mit dem Kurven-Koordinator (Turn Coordinator),**
- **Kurskreisel.**

Bild 3.2 Die Flugüberwachungsinstrumente zur Kontrolle der **Längsneigung** („Kippen" um die Querachse des Flugzeugs)

Bild 3.3 Die Flugüberwachungsinstrumente zur Kontrolle der **Schräglage oder Querneigung** („Rollen" um die Längsachse und „Wenden" um die Hochachse des Flugzeugs)

In neueren Sport- und Reiseflugzeugen sind die **Flugüberwachungsinstrumente** zur Erleichterung der Überwachung (Durchführung des Cross-Checks) in einer wissenschaftlich erarbeiteten **T-Form um den künstlichen Horizont** angeordnet.

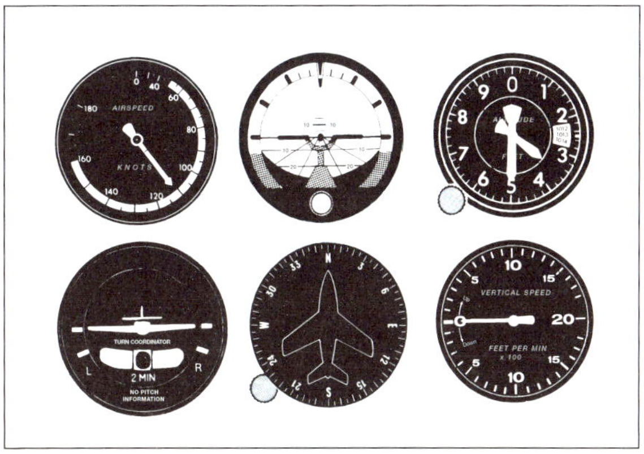

Bild 3.4 T-förmige Anordnung der Flugüberwachungsinstrumente um den künstlichen Horizont zur Erleichterung des **Cross-Checks**

d) Führung des Flugzeugs nach Instrumenten

Grundsätzlich werden bei Flügen nach Instrumenten die gleichen Führungstechniken angewendet, die auch im Sichtflug üblich sind. Der **natürliche Horizont** wird durch den **künstlichen Horizont** und **Sichtmarken für die Flugrichtung** werden durch den **Kurskreisel** ersetzt.

Die **Führungstechnik** (Ruderausschläge, Trimmung und Gashebelbedienung) muss außerdem **verfeinert** durchgeführt werden, um einen möglichst **hohen Grad an Genauigkeit** zu erreichen, der für den Flug nach Instrumenten elementare Voraussetzung ist. Das erfordert **sehr viel und laufende Übung sowie ein hohes Maß an Konzentration.**

Merke: Der saubere Instrumentenflug besteht aus einer ununterbrochenen Serie von sehr kleinen Korrekturen!

Auch der erfahrenste Berufsflugzeugführer kann die Fluglage seines Flugzeugs nicht ständig ohne Abweichungen beibehalten – das kann nicht einmal der beste Autopilot. Das Geheimnis der präzisen Flugzeugführung nach Instrumenten (sowohl beim erfahrenen Berufsflugzeugführer als auch beim Autopiloten) liegt in der schon erwähnten Korrekturmethode, nämlich: **Kleine Abweichungen** – durch den Cross-Check der Instrumente festgestellt – müssen durch **ebenso kleine Korrekturen aufgehoben werden!**

Merke: Durch kleine, feinfühlig ausgeführte Ruderausschläge werden zu große Verbesserungen vermieden, die der Anfänger bei Korrektur der Fluglage gerne macht und die dazu führen, dass der Anzeigenadel „nachgejagt" wird.

Notwendige Verbesserungen sollten nach folgendem **Schema** durchgeführt werden:

1. **Abweichungen von der gewünschten Fluglage**
   durch ständigen Cross-Check der Flugüberwachungsinstrumente ermitteln!
2. **Erforderliche Korrekturen zurück zur gewünschten Fluglage**
   nur mit feinen Ruderausschlägen vornehmen, die **so klein wie möglich** sein sollen!
3. **Trimmung und Triebwerkleistung überprüfen**
   und, falls notwendig, ebenfalls **feinfühlig** der gewünschten Fluglage anpassen!

Für die praktischen Übungen wollen wir uns noch **einige Grundsätze einprägen:**

- **Veränderungen des Anstellwinkels (der Längsneigung)** mit dem Höhenruder oder mit der Höhenrudertrimmung bei einer vorbestimmten Triebwerkleistung **rufen Höhenänderungen hervor!**

Merke: Die Flughöhe wird im Horizontalflug in erster Linie mit dem Höhenruder und der damit verbundenen Trimmung kontrolliert!

Mit diesem Steuerorgan kann auch die Steig- oder Sinkgeschwindigkeit des Flugzeugs bei einer vorbestimmten Triebwerkleistung **direkt** beeinflusst werden.

Die **Fluggeschwindigkeit** des Flugzeugs wird in einer vorbestimmten Fluglage **durch die Triebwerkleistung festgelegt!**

Wenn wir nach den notwendigen Flugübungen die **Fluglage** des Flugzeugs sauber **kontrollieren** können, dann wird es fast zum Kinderspiel, die **Fluggeschwindigkeit** durch Veränderung der **Triebwerkleistung zu beeinflussen.**

Merke: Der **Gashebel** (zur Bestimmung der Triebwerkleistung) wird in erster Linie zur Kontrolle der **Fluggeschwindigkeit** benutzt, während die **Höhensteuerung** (mit Trimmung) vorwiegend für die Kontrolle der **Flughöhe** eingesetzt wird!

- Der **Gebrauch der Trimmvorrichtung ist** für das **saubere Fliegen** – sowohl nach Sicht als auch nach Instrumenten – **unerlässlich.** Dabei ist Folgendes zu beachten:

1. **Flugzeug** mit Hilfe der Steuerorgane und des Leistungshebels (Gashebel) für die Triebwerkleistung **in die gewünschte Fluglage bringen!**
2. Danach **jeden Steuerdruck,** der zur Beibehaltung der eingenommenen Fluglage notwendig ist, **mit dem Trimmrad wegtrimmen!**

Merke: Nach jeder Fluglageänderung, Geschwindigkeitsänderung oder Leistungsveränderung muss das Flugzeug sofort so ausgetrimmt werden, dass keine Steuerdrücke zu spüren sind!

3.2 Horizontalflug (geradeaus) nach Instrumenten

Jeder länger andauernde Horizontalflug sollte grundsätzlich mit **gleichbleibender Triebwerkleistung** durchgeführt werden. Daraus ergibt sich eine **konstante Fluggeschwindigkeit,** wobei das Flugzeug **seine Höhe beibehält.**

Verändern wir die Triebwerkleistung im Horizontalflug ohne das Flugzeug entsprechend nachzutrimmen, so geht es bei **Leistungsverminderung** in den **Sinkflug** und bei **Leistungserhöhung** in den **Steigflug** über.

Merke: Horizontalflug immer mit gleichbleibender Fluglage bei gleichbleibender Triebwerkleistung durchführen!

Wenn Sie diesen Grundsatz beachten, dann behält das Flugzeug seine Höhe, die Fluggeschwindigkeit und den Kurs immer bei.

Während des Horizontalfluges in einer festgelegten Richtung **ist der künstliche Horizont das Schlüsselinstrument für die Kontrolle der Fluglage.** Von ihm ausgehend müssen die folgenden Instrumente **ständig** überwacht werden:

- **Kurskreisel,**
- **Variometer,**
- **Höhenmesser.**

Der **künstliche Horizont** versorgt uns im Horizontalflug – wie in allen anderen Fluglagen – mit Informationen über die **Längsneigung** und die **Querneigung** (Schräglage) des Flugzeugs.

Der **Kurskreisel** zeigt uns jede **Abweichung vom einzuhaltenden Steuerkurs** an, während das **Variometer** sofort Auskunft über beginnende **Längsneigungsänderungen** gibt und der **Höhenmesser** genaue Daten über die **Flughöhe** liefert.

Diese Informationen genügen, um einen sauberen Horizontalflug durchzuführen.

Bild 3.5 Anzeigen der einzelnen Flugüberwachungsinstrumente **im Horizontalflug** und richtige Durchführung des **Cross-Checks**

Im Horizontalflug muss das **Flugzeugsymbol** des **künstlichen Horizonts** mit den angedeuteten Tragflächen und der Flugzeugnase (schwarzer Punkt in der Mitte des Symbols) mit der **Horizontlinie genau in Deckung** sein.

Der Cross-Check wird nach der in Bild 3.5 dargestellten Weise – vom künstlichen Horizont ausgehend – durchgeführt. Hier noch einmal die Reihenfolge des **richtigen Cross-Checks im Horizontalflug:**

1. **künstlicher Horizont,**
2. **Kurskreisel,**
3. **Variometer,**
4. **Höhenmesser,**
5. **Fahrtmesser.**

Da uns das **Variometer** beginnende **Steig- oder Sinkflugtendenzen** (Längsneigungsänderungen um die Querachse) **sofort** anzeigt, nimmt der **Höhenmesser** in der Rangfolge – beim Cross-Check – den Platz **hinter** dem Variometer ein.

Der **Fahrtmesser** (weiße Verbindungslinie zum künstlichen Horizont) sollte in gewissen Abständen ebenfalls in den Cross-Check einbezogen werden, um Abweichungen von der gewünschten Horizontalfluggeschwindigkeit feststellen zu können.

Auch der **Wendezeiger** oder der **Kurven-Koordinator (Turn Coordinator)** ist in gewissen Abständen wieder „unter die Lupe zu nehmen". Bei längeren Horizontalflügen kommt es häufig vor, dass der Flugzeugführer unbeabsichtigt einen gewissen Druck auf eine der Seitenruderpedalen ausübt. Auf dem künstlichen Horizont zeigt das Flugzeugsymbol dann ständig eine leicht hängende Fläche an, obwohl sich der Steuerkurs des Flugzeugs nicht merklich ändert. Ein Blick auf die Kugellibelle des Wendezeigers bzw. auf die des Kurven-Koordinators (Turn Coordinator) **bestätigt** die **Anzeige** des **künstlichen Horizonts** in den meisten Fällen: Die **Kugel** ist aus der **Mitte ausgewandert!**

Um das Flugzeug aus diesem unsauberen Flugzustand in den normalen Horizontalflug zurückzuführen, muss **folgende Korrekturmethode** angewendet werden:

- **Kugel links – Seitenruder links betätigen!**
- **Kugel rechts – Seitenruder rechts betätigen!**

Das **Seitenruder** muss also bei solchen Schiebeflugzuständen im Horizontalflug immer zu der Seite hin getreten werden, wo sich die Kugel befindet. Mit anderen Worten: **„Tritt auf die Kugel!"**

Nach der Korrektur sollte man das Seitenruder für einen Moment freigeben, um feststellen zu können, ob vielleicht eine falsche Seitenruder-Einstellung die Ursache für den Schiebeflug ist. Wenn das der Fall ist, muss der Flugzeugführer das Seitenruder **auf der Seite** ständig leicht getreten halten, **wo die Kugel steht**. Die Kugel bleibt dann in der Mitte.

Im **Horizontalflug** sind geringe Abweichungen von der einzuhaltenden Flughöhe nicht ganz auszuschließen. Vom Privatflugzeugführer, der nach Sichtflugregeln fliegt, wird verlangt, dass er seine Flughöhe mit einer **Toleranz** von **± 100 Fuß** einhält!

Höhenkorrekturen sollten immer nach folgenden Grundsätzen durchgeführt werden:

- Abweichungen **von weniger als 100 Fuß** von der gewünschten Flughöhe im Reiseflug (Horizontalflug) **ohne Veränderung** der **Triebwerkleistung** durch geringe Längsneigungsänderung (um die Querachse) **verbessern!**
- Abweichungen **von mehr als 100 Fuß** sollten immer mit einer entsprechenden **Veränderung** der **Triebwerkleistung und** der **Längsneigung** korrigiert werden!

Der **künstliche Horizont** dient als **Hilfsmittel** für solche Höhenkorrekturen:

- Bei **Verbesserungen unter 100 Fuß** (ohne Veränderung der Triebwerkleistung) **Flugzeugsymbol** maximal eine halbe Balkenbreite über (oder unter) die Horizontlinie bringen (Nase leicht über oder unter dem Horizont)!
- Bei **größeren Korrekturen (über 100 Fuß)** mit Veränderung der Triebwerkleistung **Flugzeugsymbol** eine **volle Balkenbreite** über oder unter den Horizont bringen!

Nach dem Einleiten der Verbesserung muss die **Steig- oder Sinkgeschwindigkeit auf dem Variometer** und die **Höhenänderung auf dem Höhenmesser genau überwacht werden,** damit das Flugzeug kurz vor Erreichen der gewünschten Höhe rechtzeitig wieder in den Horizontalflug zurückgeführt wird.

- **Im Horizontalflug** überprüfe anschließend die **Trimmung und Triebwerkleistung!**

Abweichungen vom gewünschten oder geforderten **Steuerkurs** (Toleranz für Privatflugzeugführer: ± 10°) müssen **mit einer flachen Kurve** zurück zum ursprünglichen Kurs korrigiert werden.

- **Der Querneigungswinkel (Schräglage) der Kurskorrekturkurve sollte immer halb so groß sein wie die Kursabweichung in Grad!**

Beispiel:	Gewünschter Steuerkurs	090°	**Schräglage in der Korrekturkurve**
	Gegenwärtiger Steuerkurs	080°	**nach rechts: 5°!**
	Kursabweichung =	10°	

Bei **größeren Kursverbesserungen** darf jedoch **höchstens** mit einer Querneigung zurückgekurvt werden, die der **Standardkurve** (2-Minuten-Kurve) entspricht (vgl. hierzu auch Abschnitt 2.2 „Der Wendezeiger").

3.3 Steigflug nach Instrumenten

Jeder Übergang vom **Horizontalflug** oder vom **Start** in den **Steigflug** sollte möglichst **langsam** und vor allem **gleichmäßig** vorgenommen werden. Auch bei diesem Flugmanöver spielt der **künstliche Horizont** die **Hauptrolle in der Fluglageüberwachung.**

Das **Flugzeugsymbol** muss zum Einleiten des Steigfluges ca. **zwei Balkenbreiten** über die Horizontlinie „gezogen" werden (siehe Bild 3.6).

Bei den meisten modernen Sport- und Reiseflugzeugen wird dadurch in Verbindung mit der vorgeschriebenen Steigflug-Triebwerkleistung die **Fluggeschwindigkeit des besten Steigens** (airspeed for best rate of climb) und somit **der größtmögliche Höhengewinn in einer bestimmten Zeit** erzielt.

Nachdem das Flugzeug eine **stabile Steigfluglage** eingenommen hat, wird es auf die gewünschte Steigfluggeschwindigkeit **ausgetrimmt.**

In der Übergangsphase zum Steigflug und im Steigflug selbst müssen die **Tragflächen des Flugzeugsymbols genau parallel zur Horizontlinie** gehalten werden.

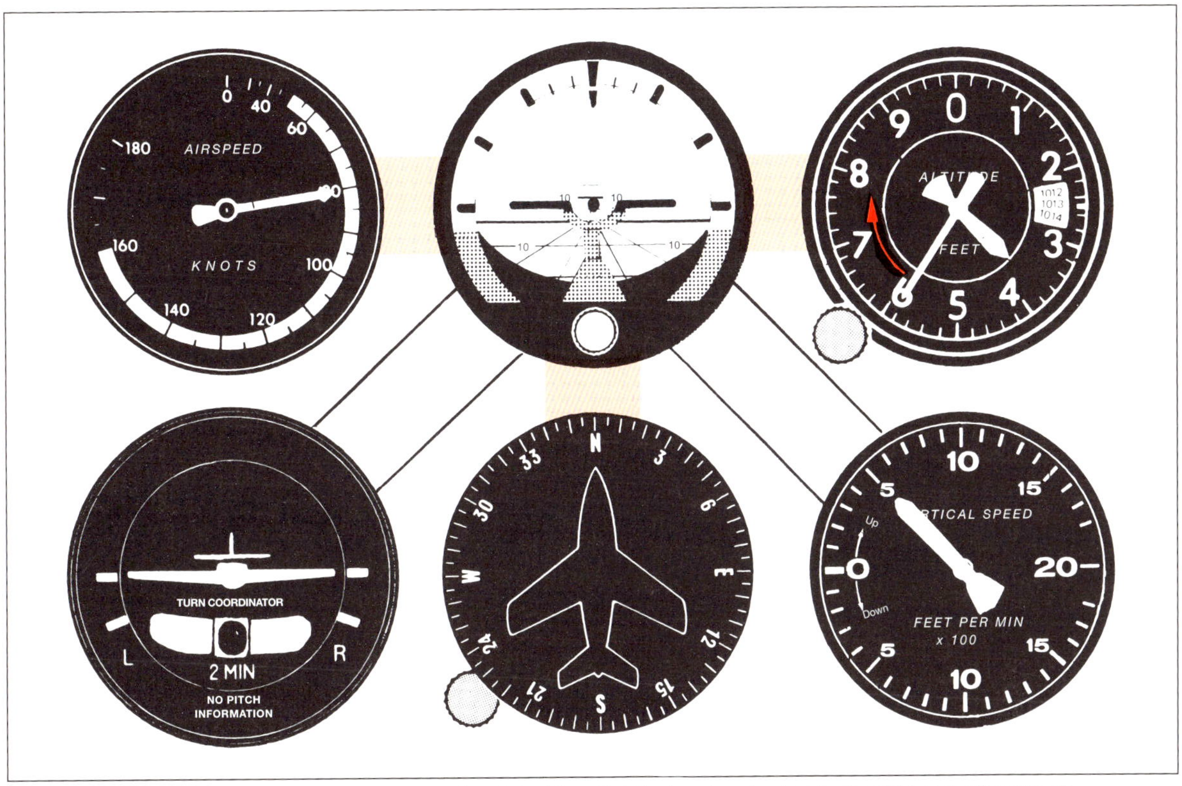

Bild 3.6 Anzeigen der einzelnen Flugüberwachungsinstrumente **im gleichmäßigen Steigflug (geradeaus)** und richtige Durchführung des **Cross-Checks**

Der **Steigflug** wird mit **gleichbleibender Triebwerkleistung** (vorgeschriebene Triebwerkleistung für den Steigflug = **bestimmte Drehzahl** bei starren Luftschrauben und bei Verstell-Luftschrauben **bestimmter Ladedruck und Drehzahl**) durchgeführt. Daraus ergibt sich bei einer gut ausgetrimmten Steigfluglage – wie vorher beschrieben – eine **konstante Steigfluggeschwindigkeit**, die im Idealfall der „Fluggeschwindigkeit für das beste Steigen" entsprechen sollte. Soll das Flugzeug auf einer möglichst **kurzen Distanz** die **größtmögliche Höhe** erreichen, so muss es auf die **Geschwindigkeit für den besten Steigwinkel** ausgetrimmt werden (vgl. Flughandbuch).

Da die **Fluggeschwindigkeit** eine bedeutende Rolle im Steigflug spielt, ist der **Fahrtmesser** neben dem **Kurskreisel** und dem **Höhenmesser** unbedingt in den **Cross-Check** einzubeziehen. Weicht die Fluggeschwindigkeit vom gewünschten Wert ab, so muss eine möglichst **kleine Korrektur** durch entsprechende **Veränderung der Längsneigung** des Flugzeugs vorgenommen werden, um die **ursprüngliche Fluggeschwindigkeit** wieder zu erreichen.

In Steigfluglagen mit **großem Anstellwinkel**, **hoher Triebwerkleistung** und relativ **geringer Fluggeschwindigkeit** neigt das Flugzeug dazu, **nach links** zu drehen. Die Ursachen für diese Tendenz wurden in Band 1, Technik I, Abschnitt 7.4 „Der Torque-Effekt (Propeller-Drehmoment)" genauer erläutert (ungleiche Schubverteilung usw.). Um diesen **Giereffekt nach links** während eines Geradeaus-Steigfluges **auszugleichen,** muss ständig etwas **Seitenruder rechts** gegeben werden.

Der **Kurskreisel** gibt uns – wie im Horizontalflug – Auskunft darüber, ob das Flugzeug die vorbestimmte Richtung beibehält. Er muss daher – neben dem Variometer und dem Wendezeiger (oder Kurven-Koordinator) – immer **vom künstlichen Horizont** aus – beim Cross-Check überwacht werden. Sollte der Kurskreisel **Abweichungen vom Sollkurs** anzeigen, so wird das Flugzeug **in einer sehr flachen Korrekturkurve** zum gewünschten Kurs zurückgeführt (Regel über Querneigungswinkel bei der Kurskorrekturkurve in Abschnitt 3.2 beachten!).

Nähern wir uns im Steigflug der vorbestimmten **Flughöhe für den Reiseflug** (cruising altitude), so muss die **Flugzeugnase** rechtzeitig unter Beachtung folgender Grundsätze und mit Hilfe des künstlichen Horizonts **langsam** und **gleichmäßig in die Horizontalfluglage** „gedrückt" werden (level-off):

- **10 % der Steiggeschwindigkeit errechnen!**
  Beispiel: Steiggeschwindigkeit 1 000 Fuß pro Minute = 100 Fuß
- **Übergangsmanöver in den Horizontalflug**
  100 Fuß vor Erreichen der gewünschten Flughöhe einleiten!

Die Anwendung dieser **Faustregel** verhindert das **Überschießen** der vorgesehenen Flughöhe – was besonders bei höheren Steiggeschwindigkeiten sonst leicht möglich ist. Es ist sicher leicht einzusehen, dass dem **Höhenmesser** bei diesem Manöver **besondere Beachtung** geschenkt werden muss (Cross-Check!)

Damit das Flugzeug **möglichst schnell** seine **Reisegeschwindigkeit (cruising speed)** erreicht, wird die **Steigflug-Triebwerkleistung** nach dem Übergang in den Horizontalflug **erst einmal beibehalten.** Der nun entstehende – langsam anwachsende – **Steuerdruck** am Höhenruder muss vom Flugzeugführer **„weggedrückt"** werden und **kann bereits in dieser Phase** des Fahrtaufholens durch ein erstes, grobes Austrimmen (Trimmrad nach vorne!) **ausgeglichen** werden.

Ist die **gewünschte Reisegeschwindigkeit** erreicht, so wird das **Triebwerk** auf die **erforderliche Reiseleistung** eingestellt (Leistung muss also reduziert werden! – vgl. Flughandbuch).

Das **Variometer** hat sich inzwischen von **Steigen** auf **Null** eingependelt (Verzögerung!) und der **Höhenmesser** sollte jetzt genau die **Reiseflughöhe** anzeigen. Ein weiteres, **feines Austrimmen** in die neue Fluglage sorgt dafür, dass Flughöhe und Steuerkurs im Reiseflug ohne größere Anstrengungen eingehalten werden können.

3.4 Sinkflug nach Instrumenten

Zum Einleiten des Sinkfluges aus der Horizontalfluglage ist – wie immer – das Universalinstrument für die Kontrolle der Fluglage, nämlich der **künstliche Horizont**, der Ausgangspunkt für den Beginn des Manövers. Das **Flugzeugsymbol** muss nun **langsam und gleichmäßig** ungefähr **zwei Balkenbreiten unter die Horizontlinie gedrückt** werden, und erst wenn das Flugzeug in den Sinkflug übergeht, wird die **Triebwerkleistung verringert.**

Bild 3.7 Anzeigen der einzelnen Flugüberwachungsinstrumente **im gleichmäßigen Sinkflug (geradeaus)** und richtige Durchführung des **Cross-Checks**

Merke: Sinkflüge im Reiseflug (cruise descents) sollten grundsätzlich mit einer Sinkgeschwindigkeit von 500 Fuß pro Minute durchgeführt werden!

Um eine **bestimmte Sinkgeschwindigkeit, Fluggeschwindigkeit** und den **Kurs** während des Manövers einhalten zu können, müssen in Verbindung mit dem künstlichen Horizont **folgende Instrumente** ständig beim Cross-Check berücksichtigt werden:

- **Variometer**
- **Kurskreisel**
- **Fahrtmesser**
- **Höhenmesser**

Auch im Sinkflug ist es sehr wichtig, dass das Flugzeug sehr **sauber ausgetrimmt** wird, nachdem es eine stabile Sinkfluglage eingenommen hat.

- Sollten **Abweichungen von der gewünschten Sinkfluggeschwindigkeit** (rate of descent) auftreten, so wird eine **entsprechende kleine Triebwerkleistungsveränderung (zu hohe Sinkgeschwindigkeit = mehr Gas!)** vorgenommen.
- **Abweichungen von der Fluggeschwindigkeit** – besonders wichtig während eines Anfluges! – werden durch **feine Längsneigungskorrekturen (Trimmung)** verbessert.
- **Ungewollte Richtungsänderungen** (Abweichungen vom Sollkurs) müssen – wie bei den vorher besprochenen Manövern – **mit einer flachen Korrekturkurve** zurück zum **gewünschten Kurs** ausgeglichen werden (Regel über Querneigungswinkel bei der Kurskorrekturkurve in Abschnitt 3.2 beachten!).
- Der **Übergang vom Sinkflug in den Horizontalflug** (level-off) in einer bestimmten Höhe ist mit der schon bekannten **„10 %-Faustregel"** (vgl. Abschnitt 3.3 „Steigflug nach Instrumenten") durchzuführen.

  Nachstehend noch einmal ein Beispiel:

  Sinkgeschwindigkeit: **500 Fuß pro Minute**
  10 % der Sinkgeschwindigkeit = **50 Fuß**

Das **Flugzeugsymbol** wird also **50 Fuß vor Erreichen** der neu einzunehmenden Höhe **langsam und gleichmäßig** zur Horizontlinie **„hochgezogen"** und mit ihr in Deckung gebracht. In dieser Phase ist der **Höhenmesser** – neben den anderen Instrumenten – mit besonderer Aufmerksamkeit zu überwachen.

Während des **Übergangverfahrens** (level-off-procedure) muss die **Triebwerkleistung** wieder auf die gewünschte **Reiseleistung erhöht** werden und nachdem sich Fluggeschwindigkeit und Fluglage im Horizontalflug stabilisiert haben, **trimmt** man das Flugzeug so aus, dass **keinerlei Steuerdrücke** mehr zu spüren sind.

3.5 Kurvenflug nach Instrumenten

Der nach Sicht fliegende Privatflugzeugführer kann sich bei plötzlich auftretenden Wetterverschlechterungen während eines Überlandfluges nur dadurch wieder **auf die sichere Seite** bringen, indem er eine **180°-Kurve** – zurück zu den vorher angetroffenen, besseren Wetterverhältnissen – ausführt. Solche **Kurven auf Gegenkurs** müssen unter Umständen teilweise (oder sogar ausschließlich) in Instrumentenwetterbedingungen (IMC) bewältigt werden. Deshalb sollte jeder Privatflugzeugführer zumindest **das Kurven unter Beibehaltung der Flughöhe nach Instrumenten einwandfrei beherrschen,** denn in den angedeuteten kritischen Situationen (Einflug in Schlechtwettergebiete) gibt es für den VFR-Piloten und seine Passagiere **keine bessere Lebensversicherung als eine rechtzeitig ausgeführte und sauber geflogene 180°-Kurve,** die den Weiterflug – oder unter Umständen sogar die Rückkehr zum Startflugplatz – in Sichtwetterbedingungen (VMC) möglich macht.

Grundsätzlich werden Kurven nach Instrumenten mit einer **Drehgeschwindigkeit von 3° pro Sekunde** – also als so genannte **„Standardkurve" (standard rate turn)** geflogen. Entsprechend der Fluggeschwindigkeit wird mit der schon erwähnten **Faustformel** vor dem Einleiten der Kurve die einzunehmende Schräglage für die Standardkurve bestimmt. Zur Erinnerung hier noch einmal die Formel:

$$\textbf{Schräglage in Grad für Standardkurve} = \frac{\textbf{TAS (kt)}}{\textbf{10}} + 7$$

Fliegen wir also mit einer TAS von 130 Knoten, so beträgt die **richtige Schräglage** (Querneigung) in der Standardkurve 20°!

Die **erforderliche Querneigung** wird beim Einleiten der Kurve **mit Hilfe der Querneigungsanzeige des künstlichen Horizonts** eingenommen.

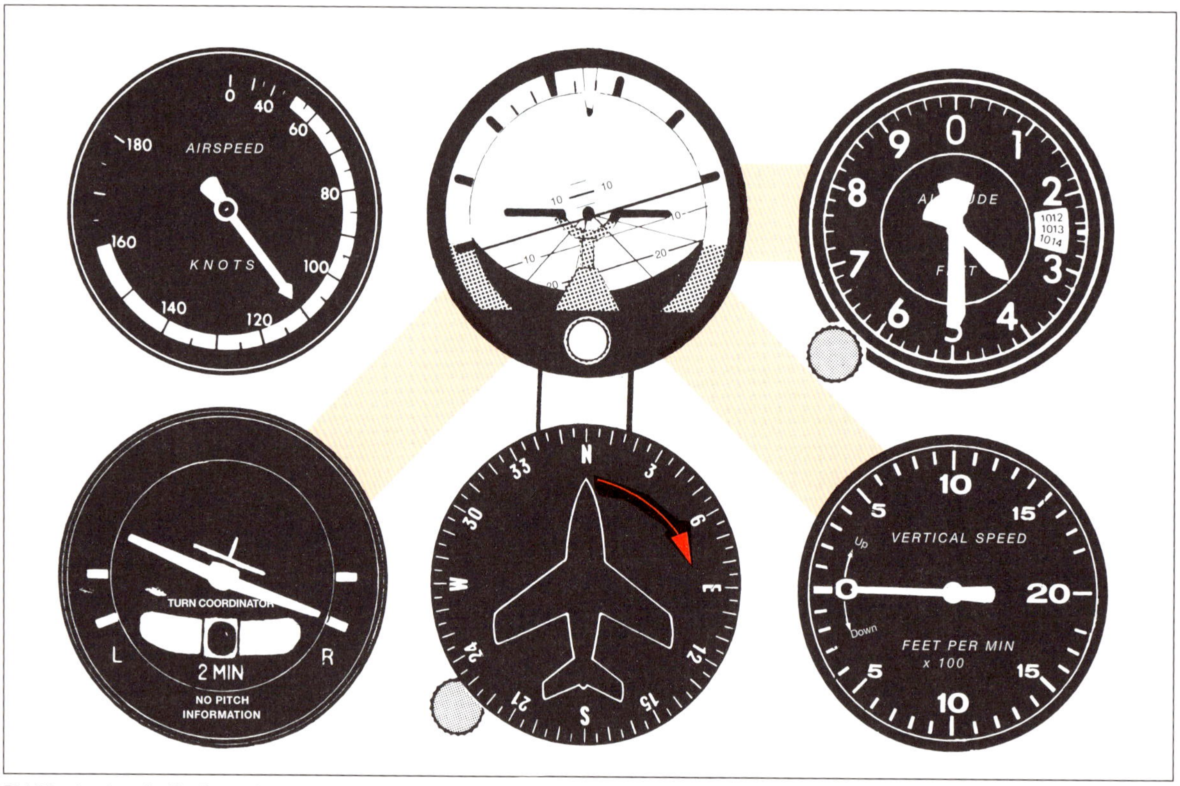

Bild 3.8 Anzeigen der Flugüberwachungsinstrumente **in einer Standardkurve (3°/s) nach rechts** und richtige Durchführung des **Cross-Checks**

Im **Kurvenflug** kann die **Höhe** nur durch eine **entsprechende Auftriebserhöhung** gehalten werden (vgl. Band 1, Technik I, Abschnitt 2.3 „Die Luftkraftresultierende"). Das wird – wie im Sichtflug – mit einer geringen Vergrößerung des Anstellwinkels bewerkstelligt. Deshalb muss nach dem Einleiten der Kurve die Nase des Flugzeugsymbols (weißer oder – je nach Modell – roter Punkt) **leicht** über die **Horizontlinie** „gezogen" werden (siehe Bild 3.8) und eventuell die **Triebwerkleistung** etwas **erhöht** werden, um eine bestimmte Fluggeschwindigkeit einhalten zu können.

Wenn das Flugzeug sich in der gewünschten Kurvenlage befindet, beginnt der Cross-Check! **Zuerst** wandert der Blick zum **Wendezeiger** (oder Kurven-Koordinator), der uns verrät, ob die Kurve mit der **richtigen Drehgeschwindigkeit** (3° pro Sekunde) geflogen wird.

Merke: Wenn die **Drehgeschwindigkeit** in der Standardkurve **zu groß** ist:

- **Schräglage** mit Hilfe des künstlichen Horizonts **auf den richtigen Wert verringern!**

Wenn die **Drehgeschwindigkeit** in der Standardkurve **zu klein** ist:

- **Schräglage** – ebenfalls mit Hilfe des künstlichen Horizonts – **auf den errechneten Wert vergrößern!**

In diesem Zusammenhang sei erwähnt, dass es in **Notfällen** für den an Sichtflug gewöhnten Privatflugzeugführer immer **sicherer** ist, eine **Kurve (180°-Kurve) ohne Sicht nach außen so flach wie möglich** zu fliegen! Steilere Kurven führen – für den Ungeübten – leicht zu unkontrollierten Fluglagen, aus denen sich ein **Spiralsturz** mit **sehr hoher Sinkgeschwindigkeit** entwickeln kann! Doch nun zurück zum Cross-Check:

Neben dem **Wendezeiger** (Kurven-Koordinator), der uns die Drehgeschwindigkeit anzeigt, müssen immer wieder – vom künstlichen Horizont ausgehend – folgende Instrumente zusätzlich während des Kurvenfluges überwacht werden:

- **Höhenmesser** **und** • **Variometer**

Diese beiden Instrumente zeigen uns zuverlässig an, ob die vorher erwähnte, notwendige Auftriebserhöhung in der Kurve ausreicht, um die **Höhe sauber zu halten.** Eventuell erforderlich werdende Höhenkorrekturen sollten mit kleinen, wohldosierten **Längsneigungsänderungen** (künstlicher Horizont) unter Beibehaltung der Schräglage vorgenommen werden.

Gelegentlich ist auch der **Kurskreisel** mit in den Cross-Check einzubeziehen. Seine **Überwachung** muss kurz **vor Erreichen** des gewünschten **Kurses verstärkt** werden, damit das Flugzeug rechtzeitig vom Kurvenflug in den Horizontalflug übergeführt werden kann. Eine nach Instrumenten geflogene **Kurve** (Standardkurve) sollte mit der nachfolgenden **Faustregel** unter Zuhilfenahme des **künstlichen Horizonts vor Erreichen** des vorbestimmten Kurses **beendet** werden:

- **Die Hälfte (also 50 %) des Querneigungswinkels bestimmen!**
  Beispiel: TAS 130 Knoten; Querneigung in der Standardkurve demnach 20°.
  Davon 50 % = **10°!**
- **Kurve 10° vor Erreichen des gewünschten Kurses langsam und koordiniert (also mit Quer- und Seitenruder) ausleiten!**

Befindet sich das Flugzeug wieder im Geradeaus-Horizontalflug, **drückt** man die während der gesamten Kurve etwas „hochgezogen“ gewesene **Nase** (Auftriebserhöhung) mit dem Höhenruder **zurück zur Horizontlinie** und achtet darauf, dass die Tragflächen waagerecht (parallel) zum Horizont ausgerichtet sind. Wird das unterlassen, beginnt das Flugzeug nach dem Übergang in den Horizontalflug zu steigen.

3.6 Steig- und Sinkflugkurven nach Instrumenten

Bei der Durchführung von **Steig- und Sinkflugkurven** (climbing and descending turns) **müssen** die schon behandelten **Führungstechniken des Geradeaus-, Steig- und Sinkfluges** (vgl. Abschnitt 3.3 „Steigflug nach Instrumenten“ und Abschnitt 3.4 „Sinkflug nach Instrumenten“) mit den eben besprochenen **Kurvenflugtechniken verbunden werden.**

Solche – mit Höhenänderungen gekoppelten – Kurvenmanöver erfordern sehr viel Übung und Erfahrung. Sie sollten deshalb von Privatflugzeugführern ohne IFR-Berechtigung in Notlagen nicht angewendet werden!

Es ist aber empfehlenswert, diese Kurven am Ende der praktischen Ausbildung mit einem Fluglehrer intensiv zu üben, weil sie bezüglich der Flugzeugführung und der Überwachung (einschließlich der Interpretation) der Instrumente sehr hohe Anforderungen an den Flugzeugführer stellen. Dadurch wird eine Verfeinerung der Führungstechniken erreicht und der Schüler lernt, die Instrumentenanzeigen schneller und effektiver zu interpretieren und zu überwachen.

3.7 Gefährliche Flugzustände und Rückführung in die Normalfluglage nach Instrumenten

Gefährliche Fluglagen beim Instrumentenflug können folgende **Ursachen** haben:

- **Räumliche Desorientierung des Flugzeugführers durch Sinnestäuschungen!**
- **Verwirrung des Flugzeugführers!**
- **Überlastung (Ablenkung) des Flugzeugführers durch andere Aufgaben (z. B. Funksprechverkehr, Navigation, störende Einflüsse durch Mitflieger usw.)!**
- **Nachlässigkeit bei der Durchführung des Cross-Checks!**
- **Falsche Auslegung (Interpretation) der Instrumentenanzeigen!**
- **Schlechte Führungstechniken durch mangelnde Übung!**

Meistens werden **mehrere Fehler gleichzeitig** gemacht und wenn der Flugzeugführer dann merkt, dass etwas nicht mehr stimmt, befindet sich das Flugzeug schon in einer **kritischen Fluglage, die sofortige Gegenmaßnahmen erfordert.**

Wir wollen hier nur die beiden **gefährlichen Flugzustände** in bildlicher Form darstellen, die am häufigsten auftreten, nämlich das **Überziehen** und den **Spiralsturz,** wobei gleichzeitig die erforderlichen Maßnahmen zur **Rückführung** des Flugzeugs in die **Normalfluglage** kurz behandelt werden.

Im nachfolgendem Bild 3.9 werden die Gegenmaßnahmen zur Rückführung des Flugzeugs in den normalen Flugzustand dargestellt:

- Nase sofort in Richtung Horizontlinie **drücken!**
- **Vollgas!**
- **Gleichzeitig** (mit den beiden ersten Handlungen) **die Tragflächen parallel** (waagerecht) **zum Horizont** ausrichten!
- Flugzeug in den Horizontalflug (geradeaus) überführen und **Triebwerkleistung nach Erreichen der Reisegeschwindigkeit auf Reiseleistung reduzieren!**
- **Austrimmen!**

Bild 3.9 Annäherung an den **überzogenen Flugzustand mit Querneigung nach rechts**. Beachte die sehr niedrige Fluggeschwindigkeit und die extrem über dem Horizont stehende Nase!

Im nachfolgendem Bild 3.10 werden die Gegenmaßnahmen zur Rückführung des Flugzeugs in eine normale Fluglage dargestellt:

- **Triebwerkleistung sofort reduzieren,** damit die höchstzulässige Geschwindigkeit nicht überschritten wird (vgl. Abschnitt 1.1.2 „Die farbigen Makierungen auf der Fahrtmesser-Anzeigerskala [Geschwindigkeitsbegrenzungen]“) und die hohe Sinkgeschwindigkeit verringert wird!
- **Tragflächen langsam** – aber zügig – **parallel (waagerecht) zum Horizont** ausrichten!
- Erst dann die **Nase vorsichtig** – nicht abrupt – zur **Horizontlinie hochziehen** und in den Horizontalflug übergehen!
- Nachdem die Fluggeschwindigkeit sich auf die gewünschte Reisegeschwindigkeit verringert hat, **Triebwerkleistung auf Reiseleistung erhöhen und austrimmen!**

Bild 3.10 Spiralsturz nach links mit Gas! Beachte die große Querneigung und die sehr hohe Geschwindigkeit!

4 Flugleistungen und Flughandbuch

In den Flughandbüchern der verschiedenen Luftfahrzeugmuster findet man unter dem Abschnitt **„Leistungen"** Tabellen oder Diagramme, die genaue **Flugleistungsdaten** für

- **Start** (vgl. Abschnitt 4.2)
- **Steigflug** (vgl. Abschnitt 4.3)
- **Reiseflug** (vgl. Abschnitt 4.4)
- **Landung** (vgl. Abschnitt 4.5)

enthalten.

Die hier vom Hersteller des Luftfahrzeugs angegebenen Werte **basieren** auf der **ICAO-Normatmosphäre** (Standardatmosphäre), und sie verraten uns lediglich, welche **Leistungen** das Flugzeug **bei standardatmosphärischen Bedingungen in verschiedenen Höhen** vollbringen kann. Des Weiteren ist noch zu erwähnen, dass diese Leistungen mit **neuen** – also sich im besten Zustand befindlichen – Flugzeugen bei Erprobungsflügen **von erfahrenen Testpiloten** erflogen wurden. Aus diesen Gründen ist dem Abschnitt „Leistungen" oft ein **Hinweis** vorangestellt, der im Flughandbuch eines bekannten Flugzeugmusters so lautet:

Hinweis:

„Die Werte der Tabellen auf den folgenden Seiten wurden aus den Ergebnissen von Erprobungsflügen mit einem in gutem Betriebszustand befindlichen Flugzeug zusammengestellt. Sie sind bei der Flugplanung sehr nützlich. Trotzdem ist es ratsam, für die Kraftstoffreserve bei Ankunft am Zielflugplatz eine ausreichend große Sicherheitsspanne einzuplanen, da die angegebenen Leistungswerte keinerlei Zugaben für Windeinfluss, Navigationsfehler, Pilotentechnik, Warmlauf, Start usw. enthalten. Alle diese Faktoren müssen jedoch bei der Planung der vorgeschriebenen Kraftstoffreserven berücksichtigt werden. In diesem Zusammenhang sei daran erinnert, dass sich die maximale Reichweite des Flugzeugs bei Benutzung einer niedrigeren Leistungseinstellung erhöht. Diese Fragen können anhand der Reiseleistungstabelle gelöst werden."

Da die Atmosphäre ihren Zustand laufend ändert, trifft man in der fliegerischen Praxis nur **sehr selten Bedingungen** an, die der **ICAO-Normatmosphäre** entsprechen. Vor allem die **Temperatur** der Luft und somit die die Flugleistungen stark beeinflussende **Luftdichte** weichen häufig erheblich von den bekannten Standardwerten ab (vgl. hierzu Band 1, Technik I, Abschnitt 3.5 „Auswirkung der Luftdichte auf Auftrieb und Widerstand" sowie Band 2, Grundlagen der Flugwetterkunde, Abschnitt 2.7 „Die Normatmosphäre (ICAO-Standardatmosphäre)" und im vorliegenden Band Abschnitt 1.2.4.6 „Berechnung der wahren Höhe und der Dichtehöhe mit dem Navigationsrechner ARISTO-AVIAT").

Merke: Die im Flughandbuch angegebenen Leistungsdaten verändern sich bei größeren Abweichungen von der Standardatmosphäre beträchtlich!

Für den Berufsflugzeugführer ist es selbstverständlich, dass er **vor jedem Start** solche **Abweichungen ermittelt** und damit die im Flughandbuch veröffentlichten **Standardleistungen korrigiert.** Deshalb kann ihm Folgendes nicht widerfahren – es hat sich schon oft in dieser oder ähnlicher Form abgespielt und ging nicht immer so glimpflich aus:

- *Das Flugzeug beschleunigt auf der Piste und zuerst scheint alles in Ordnung.*
- *Dann aber jagen die letzten Meter viel zu schnell vorbei!*
- *Bange Sekunden, die wie eine Ewigkeit erscheinen!*
- *Für einen Startabbruch ist kein Platz mehr vorhanden...*
- *Gerade noch rechtzeitig „hebt" das Flugzeug ab, wenn auch das Fahrwerk die ersten Hindernisse zu streifen scheint.*
- *Ein erleichtertes Aufatmen!*
- *Es ist noch einmal gut gegangen – gerade noch...!*
- *Der aufgeschreckte Flugzeugführer sucht nach einer Erklärung und fragt sich: Wie kam es zu diesem kritischen Vorgang (oder Beinahe-Unfall!)?*

  (nach Flugsicherheitsmitteilung (fsm) 3/75, „Einflüsse auf die Länge der Startstrecke", herausgegeben vom LBA)

Welche Faktoren wirkten sich hier so **ungünstig** auf die **Flugleistung** aus, dass ein sicherer Start **nicht möglich** war? – Es hatte doch sonst immer geklappt!

In der erwähnten Flugsicherheitsmitteilung wird dann aufgedeckt, warum es in diesem speziellen Fall fast zu einem Startunfall gekommen wäre, der meist schwere Personen- und Sachschäden zur Folge hat. Es heißt in der zitierten „fsm" (Originaltext, Auszug aus 3/75):

„Zunächst muss man vermuten, dass der Motor nicht die volle Startleistung abgegeben hat, dass in Sackfluglage abgehoben wurde oder aber die höchstzulässige Startmasse oder die zulässigen Schwerpunktgrenzen überschritten worden sind.

Der Flugzeugführer hatte jedoch den Flug sorgfältig vorbereitet. Flugmasse und Schwerpunktlage waren zulässig, die Startstrecke für Graspisten richtig ermittelt. Drehzahl, Fahrt und Abhebevorgang waren einwandfrei, aber:

Der Start erfolgte auf einer durch Schauer aufgeweichten Graspiste. Die Rollstrecke bis zum Abheben wurde länger als berechnet – es wurde kritisch.

Dieses Beispiel aus der Praxis zeigt, dass die Länge der Startstrecke sich durch verschiedene Einflüsse verändern kann, und zwar zum Teil so erheblich, dass der **Startvorgang** kritisch oder sogar ***unfallträchtig*** *werden kann.*

Nicht immer enthalten Flughandbücher alle Informationen. Das betrifft besonders die Flugzeuge bis zu 2000 kg Höchstmasse, die in die „Sammeleintragung" fallen und nach Vertrautmachen geflogen werden dürfen.

Wir empfehlen Ihnen grundsätzlich:

1. Berücksichtigen Sie stets die verbindlichen Angaben des Flughandbuches für das von Ihnen geflogene Muster.

2. Beachten Sie zusätzlich diejenigen Angaben unserer Mitteilung, die nicht im Flughandbuch enthalten sind.

Auf die einzelnen Luftfahrzeuge bezogene Daten können allerdings ***nicht*** *angegeben werden, da sich diese von Muster zu Muster zu stark unterscheiden. Deshalb sind die empfohlenen* ***Verlängerungsfaktoren der Startstrecke**** *lediglich als Mittelwert anzusehen, die sich durch widrige Umstände, wie z. B. durch ein ungünstiges Startverfahren, noch erheblich vergrößern können.*

Hinzu kommt, dass die Werte des Flughandbuches von Testpiloten unter optimalen Bedingungen erflogen wurden. Alterung von Triebwerk und Zelle bedeutet Leistungsverminderung. Kalkulieren Sie deshalb Reserven ein; für die benötigte Startstrecke ebenso wie beispielsweise für den Kraftstoffverbrauch auf der Strecke."

*Diese sehr wertvollen, vom LBA empfohlenen „Verlängerungsfaktoren der Startstrecke" aus „fsm" 3/75, die teilweise nicht in den Flughandbüchern enthalten sind, finden Sie unter Abschnitt 4.2.a „Der sichere Start" in Tabellenform mit Berechnungsbeispielen!

4.1 Die Flugleistung beeinflussende Faktoren

Die Flugleistungen eines Luftfahrzeugs werden von vielen Faktoren – teils so, dass wir es vernachlässigen können, teils sehr stark – beeinflusst. Wir wollen uns hier nur kurz mit den für die **fliegerische Praxis** und die **Flugsicherheit wesentlichen Faktoren** beschäftigen, die jeder Luftfahrzeugführer unbedingt kennen sollte. Es handelt sich um:

a) die **Druckhöhe** (pressure altitude) und
die **Dichtehöhe** (density altitude),

b) die **Lufttemperatur,**

c) die **Luftfeuchtigkeit,**

d) die **Masse** des Flugzeugs,

e) die **Oberflächenbeschaffenheit der Pisten,**

f) den **Bodenwind,**

g) die **Neigung der Pisten.**

e), f), g) — **nur bei Start und Landung!**

a) Einfluss der Druckhöhe und der Dichtehöhe auf die Flugleistungen

Wie wir schon wissen, entspricht in der ICAO-Normatmosphäre (Standardatmosphäre) die **Druckhöhe** (pressure altitude) **genau** der **Dichtehöhe** (density altitude). **Luftdruck und Luftdichte verringern** sich mit **zunehmender Höhe** gesetzmäßig (vgl. Abschnitt 1.2.1 „Arbeitsweise des Höhenmessers" und Abschnitt 1.2.4 „Arten von Flughöhen und Höhenanzeigen").

Die **Luftdichte** hat einen großen Einfluss auf die Flugleistungen eines Luftfahrzeugs.

Merke: Mit zunehmender Druckhöhe (Flughöhe) verringert sich die Luftdichte!

Dadurch **vermindern** sich:

- **Triebwerkleistung** (siehe Bild 4.1) und
- **aerodynamische Leistungen** (Auftrieb und Luftschraubenwirkungsgrad)

des Flugzeugs entsprechend.

Dieser **Leistungsabfall** mit zunehmender Druckhöhe in der **Standardatmosphäre** ist in fast allen Flughandbüchern berücksichtigt. Häufig werden die Leistungswerte für **verschiedene Druckhöhen** von MSL ausgehend in 2 500-Fuß-Stufen angegeben (vgl. Leistungstabellen in den folgenden Abschnitten).

Merke in diesem Zusammenhang:
Die Druckhöhe wird ermittelt, indem man den Höhenmesser auf 1 013,2 hPa einstellt!

Druckhöhe ft	% PS	Druckhöhe ft	% PS	Druckhöhe ft	% PS	Druckhöhe ft	% PS
0	100,0	5 000	84,6	11 000	68,3	17 000	54,3
1 000	96,8	6 000	81,7	12 000	65,8	18 000	52,1
2 000	93,6	7 000	78,9	13 000	63,4	19 000	50,0
2 500	92,0	8 000	76,2	14 000	61,0	20 000	48,0
3 000	90,5	9 000	73,5	15 000	58,7	Nach Lycoming, „Operator's Manual"	
4 000	87,5	10 000	70,8	16 000	56,5		

Bild 4.1 Leistungsabfall eines normalen Kolbentriebwerks mit zunehmender Höhe (Vollgasleistung)

b) Einfluss der Temperatur auf die Flugleistungen

Während den meisten Privatflugzeugführern der eben behandelte Einfluss der Druckhöhe (größere Höhe = geringere Leistungen) verständlich ist, können sich viele die **Auswirkungen** von **Temperaturänderungen** (Abweichungen von den Standardwerten) **auf die Flugleistungen** eines Luftfahrzeugs nur schwer vorstellen.

Ansteigende Lufttemperaturen verursachen eine **Verringerung der Luftdichte**. **Hohe Temperaturen,** die weit über den Standardwerten liegen, können ohne weiteres

- **die Dichtehöhe** (z. B. eines Flugplatzes) **um einige tausend Fuß ansteigen lassen!**

Die **Flugleistungen** eines Flugzeugs **vermindern sich** bei solchen Verhältnissen **genauso wie in größeren Höhen.**

Merke: Die Dichtehöhe ändert sich pro 10 °C Temperaturabweichung von den Standardwerten um ca. 1 200 ft gegenüber der Druckhöhe (vgl. hierzu auch die Abschnitte 1.2.4.4 „Die Dichtehöhe" und 1.2.4.6 „Berechnung der Dichtehöhe")!

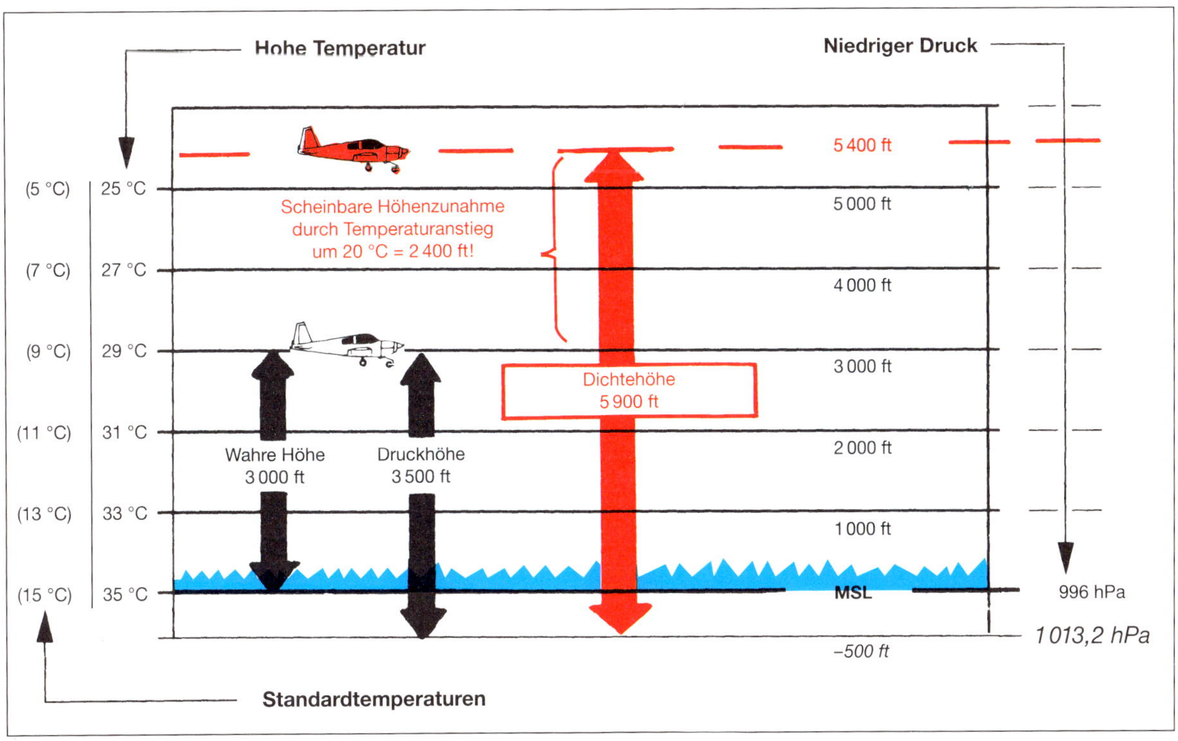

Bild 4.2 Hohe Temperatur und niedriger Luftdruck vergrößern die Dichtehöhe

In Bild 4.2 liegt die **tatsächliche** Lufttemperatur um 20 °C **höher** als die Standardwerte.

- Das in **3 000 ft** fliegende Flugzeug leistet nur noch so viel, als fliege es in einer Höhe von **5 900 ft (= Dichtehöhe).**

Ursachen dafür sind:

a) Die **hohe Temperatur** (20 °C über den Standardwerten = scheinbare Höhenzunahme von 2 400 ft!) in dieser Höhe

und

b) die wegen des **niedrigen Luftdrucks** (17 hPa unter Standard = ca. 500 ft!) **größer** gewordene **Druckhöhe.**

Empfehlung: Rechnen Sie das Beispiel bitte einmal auf Ihrem Navigationsrechner durch (vgl. Abschnitt 1.2.4 „Arten von Flughöhen und Höhenanzeigen").

Merke: Ist die tatsächliche Temperatur höher als die Standardtemperatur der Druckhöhe, so muss die Abweichung berücksichtigt werden!

Es ist dann also die **Dichtehöhe zu bestimmen.** Da alle **Flugleistungsdaten** aus der **Dichtehöhe** abzuleiten sind (sie ist nur in der Standardatmosphäre mit der Druckhöhe identisch), muss der Flugzeugführer im Beispiel von Bild 4.1 die **Leistungen für ca. 6 000 ft** aus dem Flughandbuch entnehmen, **obwohl er** in einer wahren Höhe von **3 000 ft fliegt!**

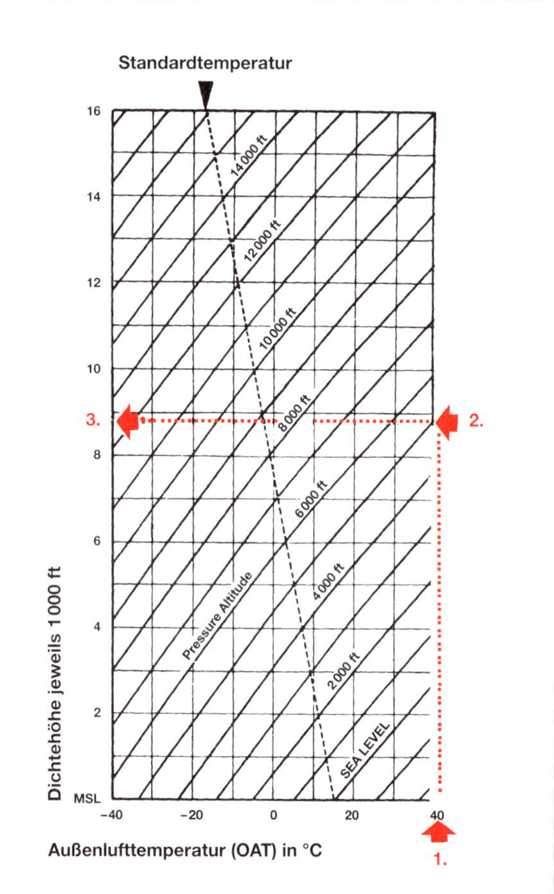

Bild 4.3 Diagramm zur Bestimmung der Dichtehöhe

Man kann die Dichtehöhe auch mit dem nebenstehenden **Diagramm zur Bestimmung der Dichtehöhe** ermitteln (siehe Bild 4.3).

Beispiel: In einer **Druckhöhe** von 5 000 ft (2.) beträgt die Außenlufttemperatur (OAT) 40 °C (1.).

Die **Dichtehöhe** beträgt bei dieser extrem hohen Temperatur ca. 8 800 ft (3.).

c) Einfluss der Luftfeuchtigkeit auf die Flugleistungen

Da **Wasserdampf** – die unsichtbare Feuchtigkeit in der Luft – weniger wiegt als trockene Luft, ist eine **bestimmte Menge (Volumen) feuchter Luft leichter – und somit dünner – als eine gleich große Menge trockener Luft** (vgl. Band 2, Grundlagen der Flugwetterkunde, Abschnitt 1.2 „Die Zusammensetzung der Luft" und Band 1, Technik I, Abschnitt 3.5 „Auswirkung der Luftdichte auf Auftrieb und Widerstand").

Merke: Je mehr Feuchtigkeit die Luft enthält, desto geringer ist die Luftdichte!

Hohe Luftfeuchtigkeit verringert vor allem die Triebwerkleistung!

Hauptgründe:

- Die **angesaugte Luft** (zur Verbrennung nötig) ist **dünner** als im Normalfall!
- **Starke Verreicherung des Benzin-Luft-Gemisches** (vgl. auch Band 1, Technik I, Abschnitt 9.7.a „Die Gemischregelung")!
- Der Verbrennungsprozess wird durch die hohe Feuchtigkeit verschlechtert! **Die Feuchtigkeit verlangsamt die Flammenausbreitung in der Brennkammer.**

> **Merke in diesem Zusammenhang:**
> **Hohe Luftfeuchtigkeit verringert die Start- und Steigflugleistungen eines Flugzeugs um ca. 5–8 %!**

Die früher vertretene Ansicht, dass **hohe Luftfeuchtigkeit** auch die **aerodynamischen Leistungen** (Auftrieb und Luftschraubenwirkungsgrad) **stark beeinflusst,** kann nicht länger aufrecht erhalten werden. Versuche haben bewiesen, dass dieser Einfluss sehr gering ist.

Zusammenfassung der Einflüsse a–c (Druckhöhe, Dichtehöhe, Temperatur und Luftfeuchtigkeit):

> **Zunehmende Druckhöhe, tiefer Luftdruck, hohe Temperaturen und hohe Luftfeuchtigkeit verringern – abhängig von der Größe der Abweichung von den Standardwerten (ICAO-Normatmosphäre) – die Flugleistungen eines Luftfahrzeugs!**

d) Einfluss des Flugzeuggewichts (Flugmasse) auf die Flugleistungen

Oft beziehen sich die Leistungsangaben im Flughandbuch nur auf die Höchstmasse des Luftfahrzeugs. **Gute** Flughandbücher beinhalten aber auch **Flugleistungsdaten für verschiedene Gewichtszustände** (vgl. folgende Leistungstabellen). Für die **Landung** wird bei einmotorigen Flugzeugen bis 2 000 kg häufig nur die **Höchstmasse** für die **Leistungswerte** zugrunde gelegt.

Es ist leicht verständlich, dass die **Flugmasse** einen **direkten Einfluss** auf die **Flugleistungen** hat. Ist die Flugmasse eines Flugzeugs **geringer** als die **Höchstmasse,** so verändern sich **folgende Leistungsdaten** zur **günstigen Seite** hin:

- Start- und Landestrecken verkürzen sich!
- Die Steigleistung wird besser!
- Die Reisegeschwindigkeit erhöht sich!

Eine **hohe** (oder sogar zu hohe!?) **Flugmasse** bewirkt:

- Verlängerung der Start- und Landestrecken!
- Schlechtere Steigleistungen!
- Verringerung der Reisegeschwindigkeit!

(Vgl. hierzu auch Band 1, Technik I, Abschnitt 5.2 „Bei der Beladung von Leichtflugzeugen zu beachtende Massen [Gewichte]")

e) Einfluss der Oberflächenbeschaffenheit der Pisten auf die Flugleistungen bei Start und Landung (nach Flugsicherheitsmitteilung 3/75, LBA)

Was ändert sich, wenn statt einer Hartbelagpiste eine **Graspiste** benutzt wird oder wenn **Wasser, Matsch** oder **Schnee** auf der Piste sind oder gar der **Untergrund weich** ist?

Da Sie immer nur die **Startleistung** zur Verfügung haben, müssen **mit dieser zusätzliche Widerstände** überwunden werden: Die **Beschleunigung** wird **geringer** und die **Startstrecke länger!** Im ungünstigsten Falle erreichen Sie die Abhebegeschwindigkeit zu spät oder überhaupt nicht mehr!

- Es **vergrößert** sich der **Rollwiderstand** der Reifen!
  Bei weichem Boden, Bodenbewuchs, Wasser oder Schnee kommt **der Widerstand** hinzu, der **zum Verdrängen** des weichen Bodens oder des Belages (Bewuchses) benötigt wird!

  Die **Bremswirkung** wird gleichzeitig **verschlechtert!** Das sollten Sie für den Startabbruch ebenso berücksichtigen wie bei der Landung!
- Die **Einhaltung der Richtung** bei Start und Landung wird **erschwert,** besonders bei **schlammigem Boden** und **Schneematsch**, aber auch durch **Wasserglätte (Aquaplaning)!**
- Kommt **Seitenwind** hinzu, so können Start und Landung so schwierig oder gar kritisch werden, dass auf den Flug besser verzichtet oder unterwegs ein Ausweichplatz mit einwandfreier Pistenbeschaffenheit angeflogen werden sollte!

- Beim **Rollen** – besonders natürlich bei **Start** und **Landung** – kann **Schleudergut** (Schlamm, Grasbrocken, Wasser, Schnee oder Eis) erhebliche **Beeinträchtigungen der Sicherheit** bewirken und auch **Schäden** verursachen. Propeller oder Ansaugschacht des Triebwerks sind ebenso gefährdet wie Fahrwerksbuchten und -mechanismen, Klappen- und Ruderspalten. **Bremsen verlieren an Wirkung**, wenn die **Scheiben nass, verschmutzt** oder **vereist** sind!

In diesem Zusammenhang empfehlen wir:

- Vergewissern Sie sich bei der **Vorflugkontrolle,** dass das Flugzeug (und besonders Flügel, Leitwerk, Klappen, Steuerflächen und Fahrwerk) sauber und frei von Schleudergut, Schnee und Eis sind!
- Prüfen Sie bei der Flugvorbereitung den Zustand der Rollwege und der Piste, sofern nicht zweifelsfrei ist, dass diese sich im Optimalzustand befinden.

Und so können Sie den Oberflächenzustand prüfen:

Feuchter Boden:
Nach einem Daumendruck auf den Boden bleibt ein Feuchtigkeitsfilm auf dem Finger zurück.

Schnee:
– Bei kräftigem Aufstampfen stiebt der Schnee pulverig auseinander: **Pulverschnee!**
– Bei kräftigem Aufstampfen wird nur der Schuhabdruck eingestanzt: **Feuchter Schnee!**
– Bei kräftigem Aufstampfen spritzt Schneematsch auseinander: **Schneematsch!**

- **Fehlt** eine **Halbpistenmarkierung,** dann **markieren Sie** deutlich die halbe Pistenlänge oder den Punkt, an dem Sie spätestens den Start abbrechen können oder sogar müssen, wenn die Beschleunigung nicht ausreicht. Rollen Sie langsam und vermeiden Sie dabei besonders nasse, verschmutzte, weiche oder verschneite Stellen. Das **Abbremsen** besorgen Sie – wenn irgend möglich – auf hartem, trockenen Boden!

Merke: Viele Flughandbücher enthalten Korrekturfaktoren für trockene Graspisten. Seltener findet man Angaben für feuchten oder nassen Boden. Alle diesbezüglichen Angaben im Flughandbuch müssen unbedingt beachtet werden!

Sind im Flughandbuch keine Korrekturfaktoren dieser Art enthalten, so kann die vom LBA entwickelte Korrekturtabelle (vgl. Abschnitt 4.2.2 „Notwendige Zuschläge für nicht im Flughandbuch berücksichtigte Faktoren") eine wertvolle Hilfestellung für die richtige Bestimmung der erforderlichen Startstrecke bieten.

Starts und Landungen können nur dann **sicher** durchgeführt werden, wenn die folgenden **Grenzwerte** bezüglich des Zustandes der Pisten nicht überschritten sind (nach LBA):

- **Grashöhe** nicht mehr als 8 cm!
  Anmerkung: Als kurzer Bewuchs gilt eine geschnittene Grasnarbe bis 3 cm Höhe. Längeres Gras (max. 8 cm) ist als hoher Grasbewuchs zu betrachten.
- **Schneehöhen:**
  1. **Pulverschnee** nicht höher als 8 cm!
  2. **Feuchter Schnee** nicht höher als 5 cm!
  3. **Schneematsch** nicht höher als 1 cm!
- Auf der Piste **stehendes Wasser** sollte 1 cm nicht überschreiten (Aquaplaning- oder Wasserglättegefahr!)

f) Einfluss des Bodenwindes auf die Flugleistungen bei Start und Landung

In fast allen Flughandbüchern ist für die Ermittlung der erforderlichen Start- und Landestrecken eine **Gegenwindkomponente** mit folgenden **Abstufungen** berücksichtigt:

- 0 Knoten (Windstille),
- 10 Knoten,
- 20 Knoten.

Vgl. folgende Leistungstabellen!

Grundsätzlich gilt hier:

- **Gegenwind verkürzt** die Start- und Landestrecke!
- **Rückenwind verlängert** die Start- und Landestrecke!

Faustregeln für die Berücksichtigung von **Gegenwind** bei Start und Landung:

Start:

- Eine **Gegenwindkomponente,** die **10 %** der Abhebegeschwindigkeit des Flugzeugs ausmacht (vgl. Flughandbuch), **verkürzt** die Startrollstrecke (take-off run) „ohne Wind" um **ca. 20 %!**
- Eine **Gegenwindkomponente,** die **50 %** der Abhebegeschwindigkeit entspricht, **verkürzt** die Startrollstrecke „ohne Wind" um **ca. 75 %!**

Landung:

- Je 5 Knoten **Gegenwind verkürzen** die Landerollstrecke „ohne Wind" um ca. 10 %!

Dennoch **empfiehlt** das **LBA** aus Sicherheitsgründen Folgendes:

Manche Flughandbücher enthalten die Empfehlung, wegen der meist ständig schwankenden Windgeschwindigkeiten keine Gegenwindabzüge für den Start vorzunehmen. Dieser Empfehlung sind wir gefolgt und haben den Windeinfluss in unserer Tabelle (vgl. Abschnitt 4.2.2 „Notwendige Zuschläge für nicht im Flughandbuch berücksichtigte Faktoren") nicht berücksichtigt.

Wir sehen darin eine kleine Reserve für ungünstige Starttechnik des Flugzeugführers, Flugleistungsminderung durch Alterung und letztlich nicht genau erfassbare Verlängerungsfaktoren durch Oberflächeneinflüsse!

g) Einfluss der Pistenneigung auf die Flugleistungen bei Start und Landung (nach Flugsicherheitsmitteilung 3/75, LBA)

Start:

- Bei **ansteigender Piste** (= Steigung) wird die Motorleistung nicht nur zur Beschleunigung eingesetzt, sondern auch zum **Heben** des Flugzeugs.
  Für eine reine Beschleunigung ist deshalb weniger Leistung verfügbar, die **Startrollstrecke** wird **länger.**
  Umgekehrt ist es bei **abfallender Piste** (= Gefälle).

Landung:

- Bei der Landung wirkt sich die **Steigung verkürzend** und **Gefälle verlängernd** auf die **Landerollstrecke** und damit auf die Landestrecke aus.
- Einsetzen des **Neigungszuschlages** in die Korrekturtabelle (vgl. Abschnitt 4.2.2 „Notwendige Zuschläge für nicht im Flughandbuch berücksichtigte Faktoren") für den **Start:**

  Plus (+) bei Steigung! Minus (–) bei Gefälle!

4.2 Der Start

Startunfälle führen fast immer zu schweren Personen- und Sachschäden. Der Start gehört auch heute noch – neben der Landung (vgl. Abschnitt 4.5 „Die sichere Landung und Bestimmung der erforderlichen Landestrecke mittels Landeleistungstabelle") – zu den **kritischen Flugphasen.**

Es ist deshalb unerlässlich, dass der Flugzeugführer schon **vor dem Start** bei der Flugvorbereitung im Flughandbuch **überprüft,** ob ein **sicherer Start** bei den gegebenen Verhältnissen **möglich** sein wird.

4.2.a Der sichere Start

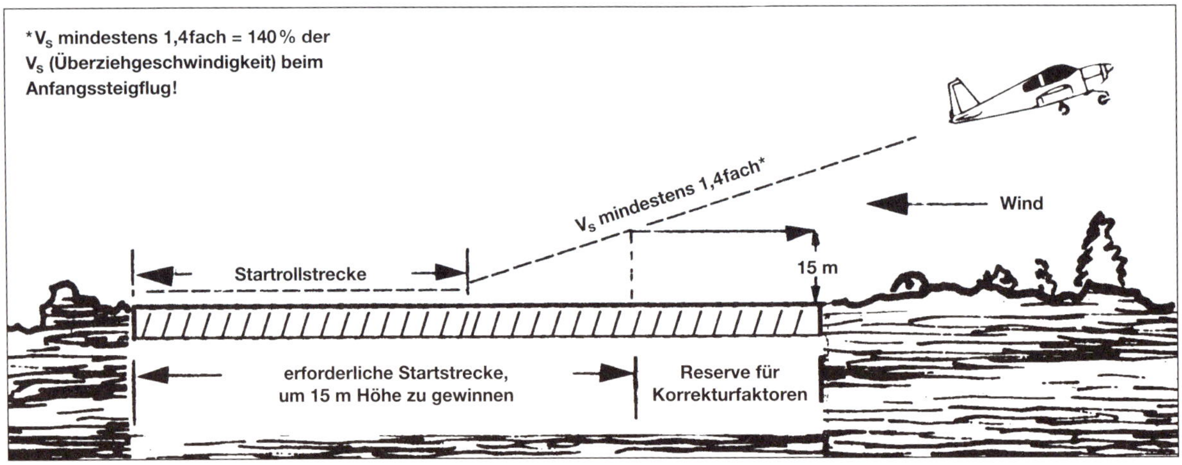

Bild 4.4 Der sichere Start

- Die **erforderliche Startstrecke** für einen **sicheren** Start ist die Startstrecke, die unter Berücksichtigung **aller Korrekturfaktoren** (Druckhöhe/Platzhöhe, Temperatur/Dichtehöhe, Flugmasse, Beschaffenheit und Zustand der Piste, Bodenwind, Neigung der Piste) **benötigt** wird, um **bis zum Ende der Piste 15 m (50 ft) Höhe** zu erreichen!
- Diese erforderliche „Startstrecke über 15-m (50 ft)-Hindernis" wird dem Flughandbuch entnommen (vgl. Abschnitt 4.2.1 „Bestimmung der Startstrecke mittels Startleistungstabelle"). In ihr ist die so genannte **Startrollstrecke** (in manchen Handbüchern auch **Startlaufstrecke** genannt) enthalten, die uns lediglich die Strecke auf der Piste angibt, nach der das Flugzeug **sicher** abgehoben haben sollte.
- Die **Piste** des Startflugplatzes muss also mindestens **so lang sein,** wie die aus dem Flughandbuch ermittelte **„Startstrecke über 15-m (50 ft)-Hindernis",** wenn ein **sicherer Start** gewährleistet sein soll.
- Sollten im Flughandbuch bestimmte Korrekturfaktoren – wie Neigungszuschlag, Graszuschlag, Schnee, Wasser – nicht enthalten sein, so ist die vom LBA erstellte Korrekturtabelle (vgl. Abschnitt 4.2.2 „Notwendige Zuschläge für nicht im Flughandbuch berücksichtigte Faktoren") anzuwenden.

Zum Schluss noch ein wichtiger Hinweis:

Für den Start immer die vom Hersteller im Flughandbuch empfohlene Startklappenstellung benutzen!

Machen Sie bitte keine Experimente mit der Klappenstellung beim Start. Zu weit ausgefahrene Klappen können (je nach Wirkungsgrad) den Widerstand so erhöhen, dass ein sicherer Start unmöglich wird!

4.2.b Der gefährliche Start

Bild 4.5 Der gefährliche Start

Hier noch einige wertvolle Empfehlungen für die Durchführung von **sicheren Starts** (nach LBA/FAA):

- **Breche den Start ab,** wenn das Flugzeug nicht einwandfrei auf der ersten Hälfte der Piste abgehoben hat, es sei denn, dass ein nach Flughandbuch ermittelter späterer Abhebepunkt deutlich erkennbar ist. (Den Flugplatzhaltern sollte die eindeutige Markierung der Pistenhälfte dringend angeraten werden!)
- **Starte durch,** wenn nicht innerhalb des ersten Drittels der Piste bzw. innerhalb des ersten Viertels einer nassen Graspiste normal aufgesetzt wurde!
- **Versuche weder Start noch Landung,** wenn die 90°-Seitenwindkomponente 20 % der V_S oder die 45°-Seitenwindkomponente 30 % der V_S überschreitet!
- **Sichere Fluggeschwindigkeiten bei Start und Landung**

  Änderungen der Fluglage sollten niemals abrupt erfolgen und die Fluggeschwindigkeit sollte niemals niedriger sein als:

  - 160 % der V_S bei Flugbewegungen unterhalb 1 000 Fuß!
  - 140 % der V_S im Endanflug oder beim Anfangssteigflug!
  - 130 % der V_S beim Endanflug kurz vor Erreichen der Pistenschwelle!

  Anmerkung: V_S ist die Mindestfluggeschwindigkeit (Überziehgeschwindigkeit). Sie ist abhängig von der Flugmasse, von der Klappenstellung und der Querneigung im Kurvenflug (siehe Flughandbuch, Abschnitt „Leistungen“)!

- **Rolle sehr langsam,** wenn die Windgeschwindigkeit 30 % der V_S überschreitet!

4.2.1 Bestimmung der Startstrecke mittels Startleistungstabelle

Die in Bild 4.6 gezeigte **Startleistungstabelle** findet man in dieser oder ähnlicher Form in fast allen Flughandbüchern unter dem Abschnitt „Leistungen“. Mit solchen Tabellen kann der Flugzeugführer vor dem Start die folgenden **Leistungsdaten** für verschiedene Flugmassen (-gewichte), Gegenwindkomponenten, Druckhöhen und Temperaturen bestimmen:

- **Startrollstrecke (Startlaufstrecke) und**
- **Startstrecke über 15-m (50 ft)-Hindernis.**

Für einen **sicheren Start** ist immer die „Startstrecke über 15-m (50 ft)-Hindernis“ zu Grunde zu legen (vgl. Abschnitt 4.2.a „Der sichere Start“), das heißt, die zur Verfügung stehende Piste muss mindestens so lang sein, wie diese aus dem Flughandbuch **ermittelte Strecke.**

Startstrecke

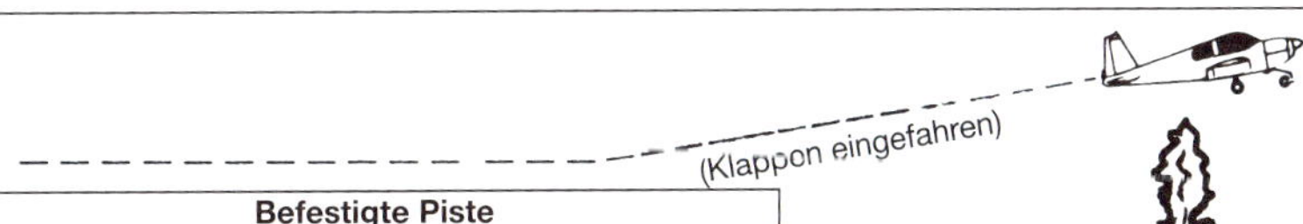

	Flugmasse	IAS in 15 m Höhe	Gegenwind	1. Meereshöhe und +15 °C		2 500 ft und +10 °C 2.		5 000 ft und +5 °C		7 500 ft und 0 °C	
				Startlaufstrecke	Strecke über 15-m-Hindernis	Startlaufstrecke	Strecke über 15-m-Hindernis	Startlaufstrecke	Strecke über 15-m-Hindernis	Startlaufstrecke	Strecke über 15-m-Hindernis
	kg	kt	Knoten	m	m	m	m	m	m	m	m
1.	1043	60	0	264	465	317	582	383	756	477	1 175
			10	187	357	229	453	280	596	354	948
			20	123	259	154	335	192	451	247	739
2.	907	56	0	189	328	226	396	271	485	334	640
			10	130	245	158	300	192	372	241	500
			20	82	172	102	215	126	271	163	372
	771	51	0	125	224	149	264	178	314	218	390
			10	84	163	101	195	122	233	152	294
			20	49	110	61	133	76	163	98	209

Anmerkungen: 1. Für je 14 °C über Standardtemperatur sind die genannten Strecken für die betreffenden Höhen um 10 % zu vergrößern!
2. Für Starts von trockener Graspiste sind den Werten der Spalten „Startlaufstrecke“ und „Strecke über 15-m-Hindernis“ 7 % des in der Spalte „Strecke über 15-m-Hindernis“ genannten Wertes hinzuzurechnen!

Bild 4.6 Startleistungstabelle (Auswertung der folgenden Übungsbeispiele 1 und 2) – **nur für Übungszwecke!**

- In der **ersten Spalte** der Tabelle („Flugmasse") sind drei mögliche Flugmassen (1 043 kg, 907 kg und 771 kg) angegeben.
- Die **zweite Spalte** („IAS in 15 m Höhe") enthält die empfohlenen Geschwindigkeiten für den besten Steigwinkel (best angle of climb speed, V_X) bei den in der ersten Spalte aufgeführten Flugmassen (Fluggewichten).

Merke: Diese IAS für den besten Steigwinkel garantiert den größtmöglichen Höhengewinn auf kürzester Strecke nach dem Start!

Sie sollte deshalb nach dem Start **immer dann** genau eingehalten werden, wenn **Hindernisse** in Flugplatznähe im **Abflugsektor** zu überfliegen sind (vgl. auch Abschnitt 1.1.3 „Andere wichtige Geschwindigkeitsbegrenzungen").

- In der **dritten Spalte** („Gegenwind") finden wir für die verschiedenen Flugmassen jeweils drei Gegenwindkomponenten (0, 10 und 20 Knoten), die ja, wie wir schon wissen, einen **verkürzenden Einfluss** auf die erforderliche Startstrecke ausüben.
- **Der Rest** der Startleistungstabelle besteht aus vier Spaltenpaaren, die jeweils für eine bestimmte **Druckhöhe** und die dazugehörige **Standardtemperatur** (Meereshöhe und 15 °C/2 500 Fuß und 10 °C/5 000 Fuß und 5 °C/7 500 Fuß und 0 °C) folgende Startangaben machen:

  in Spalte 1: Die „Startrollstrecke" (auch „Startlaufstrecke" genannt)

  in Spalte 2: Die „Startstrecke über 15-m (50 ft)-Hindernis"
- **Unter der Tabelle** befinden sich zwei Anmerkungen:
  1. Für **je 14 °C über Standardtemperatur** sind die genannten **Strecken** für die betreffenden Höhen **(Druckhöhen!)** um **10 % zu vergrößern!**
  2. Für Starts von trockener Graspiste sind den Werten der Spalten „Startlaufstrecke" und „Strecke über 15-m-Hindernis" 7 % des in der Spalte „Strecke über 15-m-Hindernis" genannten Wertes hinzuzurechnen!

Solche vom Hersteller angegebenen Korrekturfaktoren müssen unbedingt beachtet werden!

Zusätzlich unterscheidet man bei Start- und Landepisten folgende festgesetzte Strecken:

- **Verfügbare Startlaufstrecke (T**ake-**O**ff **R**un **A**vailable – **TORA)**
  Die Länge der Start- und Landepiste, die als verfügbar und geeignet für den Startlauf eines startenden Luftfahrzeugs erklärt worden ist.
- **Verfügbare Startstrecke (T**ake **O**ff **D**istance **A**vailable – **TODA)**
  Die Länge der verfügbaren Startlaufstrecke zuzüglich der Länge der Freifläche, falls vorhanden.
- **Verfügbare Start(lauf)abbruchstrecke (A**ccelerate **S**top **D**istance **A**vailable – **ASDA)**
  Länge der verfügbaren Startlaufstrecke zuzüglich der Länge der Stoppbahn, falls vorhanden.
- **Verfügbare Landestrecke (L**anding **D**istance **A**vailable – **LDA)**
  Die Länge der Start- und Landepiste, die als verfügbar und geeignet für den Landelauf eines landenden Luftfahrzeugs erklärt worden ist.

Zum Schluss zwei **Übungsbeispiele:**

1. Ermittlung der Startroll- oder Startlaufstrecke:

Gegeben:	Flugmasse	1 043 kg
	Druckhöhe	0 ft
	Temperatur	29 °C
	Gegenwind	0 kt
	Befestigte Piste	Hartbelag
Gesucht:	**Startrollstrecke (auch Startlaufstrecke genannt)**	
Lösung:	**(Folge den roten Pfeilen unter 1. in Bild 4.6):**	
	a) Startlaufstrecke ohne Temperaturkorrektur	264 m
	+	
	b) Korrektur für 14 °C über Standardtemperatur (10 %)	27 m
	Erforderliche Startlaufstrecke:	**291 m**

2. Ermittlung der Startstrecke über 15-m (50 ft)-Hindernis:

Gegeben:	Flugmasse	907 kg
	Druckhöhe	2 500 ft
	Temperatur	38 °C
	Gegenwind	10 kt
	Piste	Trockene Graspiste
Gesucht:	**Startstrecke über 15-m-Hindernis**	
Lösung:	**(Folge den roten Pfeilen unter 2. in Bild 4.6):**	
	a) Strecke über 15-m-Hindernis ohne Temperaturkorrektur	300 m
	+	
	b) Korrektur für 28 °C über Standardtemperatur (20 %)	60 m
	Summe a + b	360 m
	+	
	c) Korrektur für trockene Graspisten (7 % von a + b)	25 m
	Erforderliche Startstrecke über 15-m-Hindernis:	**385 m**

4.2.2 Notwendige Zuschläge für nicht im Flughandbuch berücksichtigte Faktoren zur Startstrecke (nach LBA, Flugsicherheitsmitteilung 3/75)

Die meisten Flughandbücher enthalten nur die unter Abschnitt 4.2.1 erwähnten **Korrekturfaktoren** für **Temperatur** und **trockene Graspisten.**

Pistenneigung, feuchter Grasboden, aufgeweichter Untergrund, Wasser oder Schnee haben aber ebenfalls einen **großen Einfluss auf die Startstrecke** eines Luftfahrzeugs.

Sind einzelne oder mehrere dieser Bedingungen gegeben, so kann die **Startstrecke** unter Umständen **so lang werden**, dass ein **sicherer Start unmöglich** wird!

Das Luftfahrtbundesamt **(LBA)** hat deshalb **eine Tabelle zur Bestimmung der erforderlichen Startstrecke** entwickelt und veröffentlicht, die dem Flugzeugführer bei solchen, im Flughandbuch nicht berücksichtigten Verhältnissen, eine wertvolle Hilfe bietet.

Tabelle zur Bestimmung der erforderlichen Startstrecke

1. Startstrecke bis 15 m Höhe (aus dem Flughandbuch)

Hartbelag, trocken, ohne Neigung, NN, 15 °C ...... m

2. Höhenzuschlag (Druckhöhe)

a) NN bis 1 000 ft:
+ 10 % von 1. pro 1 000 ft Höhe

b) 1 000 bis 3 000 ft:
+ 13 % von 1. pro 1 000 ft Höhe

c) mehr als 3 000 ft
+ 18 % von 1. pro 1 000 ft Höhe

Druckhöhe	...... ft		
	...... % Zuschlag =	+	...... m
	Summe 1	**=**	**...... m**

3. Temperaturzuschlag

± 1 % von Summe 1 pro 1 °C Abweichung von der Standardtemperatur
Standardtemperatur für Druckhöhe: ...... °C

Abweichung von STD: ± ...... °C

± ...... % Zuschlag = ± ...... m

Summe 2 = ... m

Hinweis: Summe 2 kann in den meisten Fällen direkt dem Flughandbuch entnommen und eingesetzt werden!

4. Neigungszuschlag

± 10 % von Summe 2 pro 1 % Neigung

Steigung/Gefälle ± ...... %

± ...... % Zuschlag = ± ...... m

Summe 3 = ... m

5. Graspistenzuschläge

a) **Feste, trockene, ebene Graspiste** (bei Benutzung von Graspisten **immer** einzusetzen!):

kurzer Bewuchs
+ 20 % von Summe 3

Zuschlag + ... m

Summe 4 = ... m

Zusätzliche Zuschläge:

b) **Feuchter Grasboden**
+ 10 % von Summe 4

Zuschlag + ... m

Summe 5 = ... m

c) **Aufgeweichter Untergrund**
+ 50 % von Summe 5

Zuschlag + ... m

Summe 6 = ... m

d) **Beschädigte Grasnarbe**
+ 10 % von Summe 6

Zuschlag + ... m

Summe 7 = ... m

e) **Hoher Grasbewuchs** (max. Länge 8 cm!)
+ 20 % von Summe 7

Zuschlag + ... m

Summe 8 = ... m

6. Zuschläge für Oberflächenfaktoren

a) Stehendes Wasser, große Pfützen, Schneematsch (max. Tiefe 1 cm!)
+ 30 % von Summe 8

oder

b) Normalfeuchter Schnee (max. Tiefe 5 cm!)
+ 50 % von Summe 8

oder

c) Pulverschnee (max. Tiefe 8 cm!)
+ 25 % von Summe 8

	Zuschlag	+	...... m
	Summe 9	=	**...... m**

Praktische Beispiele zur Anwendung der Tabelle

Es werden die Startstrecken für verschiedene Flugplätze und Bedingungen ermittelt.
Als Luftfahrzeug wird angenommen: Einmotoriges Flugzeug, Höchstmasse, Bugrad (Bugraddurchmesser 23 cm)

Beispiel 1:

Flugplatz:	Flugplatz A, Höhe 158 ft
Piste:	451 x 15 m Asphalt
Steigung:	< 1 %
Pistenoberfläche:	4 cm normalfeuchter Schnee
Temperatur:	–3 °C
Druckhöhe:	600 ft
Startstrecke aus dem Flughandbuch (NN, 15 °C):	316 m

Anwendung der Tabelle:

1. Startstrecke:				316 m
2. Höhenzuschlag:		+ 10 %	+	32 m
	Summe 1			**348 m**
6 b) Schneezuschlag:		+ 50 %	+	174 m
	Summe 9			**522 m**

Ein sicherer Start wäre nicht möglich, da die benötigte Startstrecke (522 m) größer ist als die verfügbare Startstrecke (451 m). Es wird noch einmal kalkuliert, und zwar unter Berücksichtigung der Temperaturabweichung von der Standardtemperatur:

	Summe 1:		**348 m**

Standardtemperatur der Druckhöhe: 14 °C

Abweichung von STD (nur bis 0 °C berücksichtigt): –14 °C

Temperaturzuschlag (–):		– 14 %	–49 m
	Summe 2:		**299 m**
6.b) Schneezuschlag:		+ 50 %	150 m
	Summe 9:		**449 m**

Die benötigte Startstrecke (449 m) ist kleiner als die verfügbare Startstrecke (451 m). Ein sicherer Start ist möglich.

Beispiel 2:

Flugplatz:	Flugplatz B, Höhe 1 814 ft
Pisten:	12/30 600 x 30 m Gras 06/24 800 x 40 m Gras
Neigung:	< 1 %

Die Seitenwindkomponente würde den Start auf Piste 24 und 30 erlauben.

Piste 24 und 30:	Feuchter Grasboden Schneematsch 0,8 cm
Temperatur:	1 °C
Druckhöhe:	2 000 ft

Startstrecke aus dem Flughandbuch (NN, 15 °C): 465 m

Anwendung der Tabelle:

1. Startstrecke:			465 m
2. Höhenzuschlag 2 x 13 % = 26 %:		+	121 m
Summe 1:			**586 m**
3. Temperaturzuschlag:			
STD-Temperatur für Druckhöhe 2 000 ft: 11 °C			
Abweichung von STD: –10 °C			
Temperaturzuschlag (–):	– 10 %	–	59 m
Summe 2:			**527 m**
5.a) Graspistenzuschlag:	+ 20 %	+	105 m
Summe 4:			**632 m**
5.b) Feuchter Grasboden:	+ 10 %	+	63 m
Summe 5:			**695 m**

Damit darf Piste 30 schon nicht mehr benutzt werden, weil nur 600 m zur Verfügung stehen.

Übertrag Summe 5:			**695 m**
6.a) Schneematsch:	+ 30 %	+	209 m
Summe 9:			**904 m**

Ein sicherer Start ist auch auf Piste 24 nicht möglich. Bei Benutzung einer Graspiste mit feuchtem Grasboden wäre einzusetzen: **Summe 5: 695 m.**

Wäre zusätzlich nur hoher Grasbewuchs zu berücksichtigen (5.e)), so ergäbe sich:

Summe 5:			**695 m**
	+ 20 %	+	139 m
Summe 8:			**834 m**

Ein Start wäre in diesem Beispiel tatsächlich nur noch auf feuchtem Grasboden zulässig, nicht jedoch, wenn zusätzlich Grasbewuchs, aufgeweichter Untergrund oder Schneematsch vorhanden wären.

Das Beispiel verdeutlicht nicht nur die Größenordnung der zu berücksichtigenden Einflüsse, sondern auch die Notwendigkeit, bei Überlandflügen auch die Startmöglichkeiten am Zielflugplatz in die Flugvorbereitung einzubeziehen.

Beispiel 3:

Flugplatz:	Flugplatz C, Höhe 207 ft
Piste:	05/23 900 x 40 m Gras
Steigung:	< 1 %
Pistenoberfläche:	Nach kräftigem Gewitterschauer, feuchter Grasboden, große Pfützen bis 1 cm Tiefe.
Temperatur:	28 °C
Druckhöhe:	600 ft
Startstrecke aus dem Flughandbuch (NN, 15 °C):	465 m

Anwendung der Tabelle

1. Startstrecke:			465 m
2. Höhenzuschlag:		+ 10 %	+ 47 m
	Summe 1:		**512 m**
3. Temperaturzuschlag:			
STD-Temperatur: 14 °C Abweichung von STD: +14 °C			
	Zuschlag:	+ 14 %	+ 72 m
	Summe 2:		**584 m**
5.a) Graspiste:		+ 20 %	+ 117 m
	Summe 4:		**701 m**
5.b) Feuchter Grasboden:		+ 10 %:	+ 70 m
	Summe 5:		**771 m**
6.a) Zuschlag für Pfützen:		+ 30 %:	+ 231 m
	Summe 9:		**1 002 m**

Da die Piste nur 900 m lang ist, ist ein sicherer Start unter diesen Bedingungen nicht möglich. Würde das Wasser gut ablaufen oder in den Boden eindringen (ohne ihn aufzuweichen), würden 771 m Startstrecke benötigt. Hierfür wäre die Piste lang genug.

4.3 Steigleistungstabellen

Die folgende Steigleistungstabelle ist typisch für einmotorige Flugzeuge bis 2 000 kg Höchstmasse. In der **ersten Spalte** finden wir wieder – wie in der Startleistungstabelle – **drei mögliche Flugmassen** (1 043 kg, 900 kg, 750 kg). Es folgen **vier dreiteilige Hauptspalten,** die für verschiedene Druckhöhen und die dazugehörigen Standardtemperaturen (Meereshöhe und 15 °C)/5 000 Fuß und 5 °C/10 000 Fuß und –5 °C/15 000 Fuß und –15°C/folgende Leistungsdaten angeben:

1. IAS für bestes Steigen (best rate of climb speed, V_Y),
2. daraus resultierende Steiggeschwindigkeit (rate of climb),
3. Kraftstoffverbrauch während des Steigfluges.

Maximale Steiggeschwindigkeit

	Flugmasse	Meereshöhe und +15 °C			5 000 ft und +5 °C			10 000 ft und –5 °C			15 000 ft und –15 °C		
		IAS bestes Steigen	Steig-geschwindigkeit	Kraftstoffverbrauch ab NN	IAS bestes Steigen	Steig-geschwindigkeit	Kraftstoffverbrauch ab NN	IAS bestes Steigen	Steig-geschwindigkeit	Kraftstoffverbrauch ab NN	IAS bestes Steigen	Steig-geschwindigkeit	Kraftstoffverbrauch ab NN
	kg	kt	ft/min	Liter	kt	ft/min	Liter	kt	ft/min	Liter	kt	ft/min	Liter
1.	**1 043**	78	645	3,8	74	435	9,8	69	230	18,2	64	20	43,5
	900	75	840	3,8	70	610	8,3	65	380	13,6	59	155	23,8
2.	**750**	72	1 085	3,8	66	825	7,2	61	570	11,0	55	315	16,7

Anmerkungen:
1. Klappen eingefahren, Vollgas, **Gemisch arm** für ruhigen Triebwerklauf in Höhen über 5 000 ft.
2. Kraftstoffverbrauch schließt Warmlauf und Start ein.
3. Bei warmem Wetter sind die Steiggeschwindigkeiten für je 5 °C über der Standardtemperatur um 20 ft/min für die jeweilige Höhe zu verringern.

Bild 4.7 Steigleistungstabelle – **nur für Übungszwecke!**

Merke: Die Geschwindigkeit (IAS) für bestes Steigen garantiert den größtmöglichen Höhengewinn in einer bestimmten Zeit!

Diese Fluggeschwindigkeit sollte **nach dem Überflug von Hindernissen** nach dem Start **genau eingehalten** werden, damit das Flugzeug die gewünschte **Reiseflughöhe** in der kürzestmöglichen Zeit erreichen kann (vgl. hierzu die unter Abschnitt 1.1.3 „Andere wichtige Geschwindigkeitsbegrenzungen“ und Abschnitt 4.2.1 „Bestimmung der Startstrecke mittels Startleistungstabelle“ erwähnte „Geschwindigkeit (IAS) für den besten Steigwinkel, V_X!“).

1. Übungsbeispiel (folge den roten Pfeilen unter 1. in Bild 4.7):

- In **5 000 Fuß** (Temperatur 5 °C) mit einer Flugmasse von 1 043 kg beträgt die Steiggeschwindigkeit (rate of climb) **435 Fuß pro Minute** (ft/min).
- Die **„IAS für das beste Steigen“ ist 74 Knoten.**
- Der **Kraftstoffverbrauch** für den Warmlauf, Start und den Steigflug von **NN** (Meereshöhe) **bis 5 000 Fuß** beträgt **9,8 Liter.**

2. Übungsbeispiel (folge den roten Pfeilen unter 2. in Bild 4.7):

- Unter den **gleichen Bedingungen** würde das Flugzeug mit einer **Flugmasse von 750 kg** eine Steiggeschwindigkeit von **825 Fuß pro Minute in 5 000 Fuß** erreichen.
- Die **„IAS für das beste Steigen“ ist 66 Knoten.**
- Der **Kraftstoffverbrauch** für den Warmlauf, Start und den Steigflug von **NN** (Meereshöhe) **bis 5 000 Fuß** beträgt **7,2 Liter**.

4.4 Reiseflugleistungstabellen

Die in den Reiseflugleistungstabellen unserer Flughandbücher angegebenen Werte werden bei Testflügen ermittelt und dann in einer übersichtlichen Tabelle zusammengestellt (siehe Bilder 4.8 und 4.9).

Da in den Leistungsangaben keinerlei **Kraftstoffreserven** berücksichtigt sind, muss der Flugzeugführer bei der **Flugvorbereitung eine ausreichende Kraftstoffreserve einplanen!**

Die verlässlichste Methode zur Feststellung des **Kraftstoffvorrates** am Boden ist es, im **Tank nachzusehen** und hierzu gegebenenfalls einen **Peilstab** zu benutzen. Die **Treibstoffanzeigen** in Kleinflugzeugen sind meistens zu **ungenau!**

Empfehlung des LBA: Kraftstoffreserve für den Flug zum vorgesehenen Ausweichflugplatz – mindestens aber für 30 Minuten Flugzeit – einplanen (vgl. auch LuftBO, § 29)!

Der **Kraftstoffverbrauch** im Reiseflug hängt weitgehend von der **Flughöhe,** der **Triebwerkleistung** (bei starren Luftschrauben: Drehzahl; bei Verstell-Luftschrauben: Ladedruck und Drehzahl) und von der **Gemischeinstellung** (reich/arm) ab.

	Reiseleistung bei armem Gemisch			Flugmasse 1 043 kg Normatmosphäre Windstille			Reiseflug (Flugzeug mit starrer Luftschraube)					
	Höhe	Drehzahl	BHP	TAS	Kraftstoffverbrauch		Normaltank (keine Reserve) 38 US gal/144 l			Langstreckentank (keine Reserve) 48 US gal/182 l		
					US gal/h	l/h	max. Flugzeit h	Reichweite NM	Reichweite km	max. Flugzeit h	Reichweite NM	Reichweite km
	ft	U/min	%	mph								
	2 500	2 700	86	134	9,7	36,7	3,9	456	844	4,9	574	1 063
		2 600	79	129	8,6	32,6	4,4	495	917	5,6	626	1 159
		2 500	72	123	7,8	29,5	4,9	521	965	6,2	660	1 222
		2 400	65	117	7,2	27,3	5,3	539	998	6,7	678	1 256
		2 300	58	111	6,7	25,4	5,7	547	1 013	7,2	691	1 280
		2 200	52	103	6,3	23,8	6,1	543	1 006	7,7	686	1 270
*1.	5 000	2 700	82	134	9,0	34,1	4,2	491	909	5,3	617	1 143
		2 600	75	128	8,1	30,7	4,7	521	965	5,9	660	1 222
		2 500	68	122	7,4	28,0	5,1	543	1 006	6,4	680	1 270
		2 400	61	116	6,9	26,1	5,5	552	1 022	6,9	700	1 296
		2 300	55	108	6,5	24,6	5,9	552	1 022	7,4	700	1 296
		2 200	49	100	6,0	22,7	6,3	547	1 013	7,9	691	1 280
	7 500	2 700	78	133	8,4	31,8	4,5	521	965	5,7	656	1 215
		2 600	71	127	7,7	29,1	4,9	543	1 006	6,2	686	1 270
		2 500	64	121	7,1	26,9	5,3	560	1 037	6,7	704	1 304
		2 400	58	113	6,7	25,4	5,7	560	1037	7,2	713	1 320
		2 300	52	105	6,2	23,5	6,1	556	1 030	7,7	704	1 304
	10 000	2 650	70	129	7,6	28,8	5,0	556	1 030	6,3	704	1 304
		2 600	67	125	7,3	27,6	5,2	565	1 046	6,5	713	1 320
		2 500	61	118	6,9	26,1	5,5	569	1 054	7,0	721	1 335
		2 400	55	110	6,4	24,2	5,9	565	1 046	7,5	717	1 328
		2 300	49	100	6,0	22,7	6,3	552	1 022	8,0	695	1 287
	12 500	2 600	63	123	7,0	26,5	5,4	578	1 070	6,8	730	1 352
		2 500	57	115	6,6	25,0	5,8	578	1 070	7,3	726	1 345
		2 400	51	105	6,2	23,5	6,1	560	1 037	7,8	708	1 311

Anmerkung: Der höchstmögliche Reiseflug ist normalerweise auf 75 % Triebwerkleistung begrenzt (performance cruise = Leistungsreiseflug).
*siehe erläuternder Text im Anschluss der Tabellen.

Bild 4.8 Reiseflugleistungstabelle für Flugzeuge **mit starrer Luftschraube – nur für Übungszwecke!**

Reiseleistung normal armes Gemisch	Flugmasse 1 157 kg Normatmosphäre Windstille	Reiseflug  (Flugzeug mit Verstell-Luftschraube)

	Höhe ft	Drehzahl U/min	Ladedruck inches Hg	BHP %	TAS mph	Kraftstoff-verbrauch US gal/h	46 US gallons (keine Reserve) max. Flugzeit h	Reichweite NM	Reichweite km
	2 500	2 600	24	77	142	11,7	3,9	487	901
			23	72	138	11,0	4,2	504	933
			22	67	134	10,2	4,5	525	973
			21	62	130	9,5	4,8	543	1 005
		2 500	25	78	142	11,8	3,9	482	893
			24	73	139	11,1	4,1	499	925
			23	69	136	10,5	4,4	517	957
			22	64	131	9,8	4,7	534	989
		2 400	25	73	139	11,1	4,1	499	925
			24	69	136	10,5	4,4	517	957
			23	65	132	9,8	4,7	534	989
			22	60	128	9,2	5,0	551	1 021
		2 300	25	68	135	10,4	4,4	521	965
			24	64	131	9,8	4,7	534	989
			23	60	128	9,2	5,0	556	1 030
			22	56	123	8,6	5,3	573	1 062
		2 200	25	63	131	9,7	4,8	538	997
			24	60	127	9,1	5,0	556	1 030
			23	56	123	8,6	5,4	573	1 062
			22	52	119	8,0	5,7	591	1 094
			21	48	114	7,5	6,1	604	1 118
			20	44	108	7,0	6,6	617	1 142
			19	41	102	6,5	7,1	625	1 158
			18	37	94	6,0	7,7	625	1 158
*2.	5 000	2 600	23	75	144	11,4	4,0	504	933
			22	71	140	10,7	4,3	521	965
			21	66	136	10,0	4,6	538	997
			20	61	131	9,3	4,9	560	1 038
		2 500	23	72	141	11,0	4,2	517	957
			22	68	137	10,3	4,5	534	989
			21	63	133	9,6	4,8	551	1 021
			20	58	128	8,9	5,2	573	1 062
		2 400	23	68	137	10,3	4,5	534	989
			22	63	133	9,7	4,8	551	1 021
			21	59	129	9,0	5,1	569	1 054
			20	55	124	8,4	5,5	591	1 094
		2 300	23	63	133	9,7	4,8	551	1 021
			22	59	129	9,0	5,1	569	1 054
			21	55	124	8,4	5,4	586	1 086
			20	51	119	7,9	5,8	604	1 118
		2 200	23	59	129	9,0	5,1	573	1 062
			22	55	124	8,5	5,4	586	1 086
			21	51	120	7,9	5,8	604	1 118
			20	47	114	7,4	6,2	617	1 142
			19	43	108	6,9	6,7	625	1 158
			18	40	100	6,4	7,2	634	1 174
			17	36	93	5,9	7,8	630	1 166

*siehe erläuternder Text im Anschluss der Tabellen.

Reiseleistung normal armes Gemisch	Flugmasse 1 157 kg Normatmosphäre Windstille	Reiseflug (Flugzeug mit Verstell-Luftschraube)

Höhe ft	Drehzahl U/min	Ladedruck inches Hg	BHP %	TAS mph	Kraftstoffverbrauch US gal/h	46 US gallons (keine Reserve) max. Flugzeit h	Reichweite NM	Reichweite km
7 500	2 600	21	69	142	10,5	4,4	538	997
		20	64	137	9,8	4,7	556	1 030
		19	60	132	9,1	5,1	578	1 070
		18	55	126	8,4	5,5	599	1 110
	2 500	21	66	139	10,1	4,6	552	1 021
		20	62	134	9,4	4,9	569	1 054
		19	57	129	8,7	5,3	591	1 094
		18	52	123	8,0	5,7	608	1 126
	2 400	21	62	135	9,5	4,9	569	1 054
		20	58	130	8,8	5,2	586	1 086
		19	53	125	8,2	5,6	604	1 118
		18	49	118	7,6	6,0	621	1 150
	2 300	21	58	130	8,9	5,2	586	1 086
		20	54	125	8,3	5,6	604	1 118
		19	50	119	7,7	6,0	617	1 142
		18	45	112	7,1	6,5	630	1 166
	2 200	21	54	125	8,3	5,5	604	1 118
		20	50	120	7,8	5,9	617	1 142
		19	46	114	7,2	6,4	625	1 158
		18	42	107	6,7	6,9	634	1 174
		17	38	99	6,2	7,4	638	1 182

Bild 4.9 Reiseflugleistungstabelle für Flugzeuge **mit „Constant-Speed-Verstellpropeller" – nur für Übungszwecke!**

Die Tabellen enthalten **folgende Leistungsdaten:**

1. **Empfohlene Triebwerkleistungs-Einstellung** (power settings) für **verschiedene Druckhöhen** in der Standardatmosphäre,
2. **Triebwerkleistungen in Prozent** (% **B**rake **H**orse **P**ower = **BHP** = Bremsleistung) bei den genannten **power settings,**
3. **TAS in Knoten** oder **MPH,**
4. **Kraftstoffverbrauch in l/h oder gal/h,**
5. **Höchstflugdauer in Stunden** mit vollen Tanks,
6. **Reichweite in km** oder **NM** bei Standardbedingungen (Normatmosphäre) und Windstille.

1. Übungsbeispiel für Flugzeuge mit starrer Luftschraube (folge den roten Pfeilen in Bild 4.8):

- In **5 000 Fuß**, Drehzahl 2 400 U/min, leistet das Triebwerk **61 % BHP;**
- **TAS** ungefähr: **116 MPH;**
- **Kraftstoffverbrauch: 26,1 l/h;**
- **Höchstflugdauer: 5,5 h** (ohne Reserve!) mit Normaltanks;
- **Reichweite: 552 NM** bei Standardbedingungen, Windstille und vollen Tanks (Normaltanks).

2. Übungsbeispiel für Flugzeuge mit Constant-Speed-Verstell-Luftschraube (folge den roten Pfeilen in Bild 4.9):

- In **5 000 Fuß**, Drehzahl 2 400 U/min und Ladedruck 22 inches, leistet das Triebwerk **63 % BHP;**
- **TAS** ca.: **133 MPH;**
- **Kraftstoffverbrauch: 9,7 US gal/h;**
- **Höchstflugdauer: 4,8 h** (ohne Reserve!);
- **Reichweite: 551 NM** bei Standardbedingungen, Windstille und vollen Tanks.

Anmerkung: Der Reiseflug wird normalerweise entweder als Leistungsreiseflug (performance cruise) mit 75 % Triebwerkleistung oder als wirtschaftlicher Reiseflug (economy cruise) mit 65 % Triebwerkleistung durchgeführt.

Steigflüge im Reiseflug sollten immer mit der im Flughandbuch angegebenen **Reisesteigfluggeschwindigkeit** (cruising climb speed) durchgeführt werden. Sie liegt **höher** als die Geschwindigkeit für das beste Steigen (best rate of climb speed), und man erzielt mit ihr eine **gute Geschwindigkeit über Grund** (ground speed) bei ausreichender Steigleistung. Des Weiteren wird das **Triebwerk** aufgrund der höheren Fluggeschwindigkeit **besser gekühlt.**

4.5 Die sichere Landung und Bestimmung der erforderlichen Landestrecke mittels Landeleistungstabelle

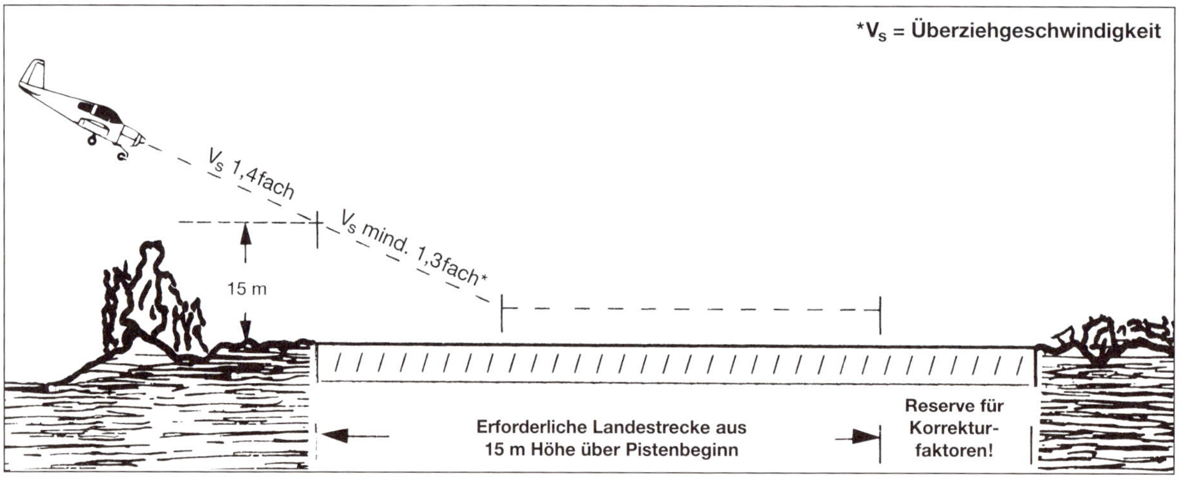

Bild 4.10 Die sichere Landung

Die erforderliche Landestrecke für eine **sichere Landung** ist die Landestrecke aus 15 m Höhe über Pistenbeginn bis zum Stillstand des Flugzeugs. Diese Strecke ist der Landeleistungstabelle (siehe Bild 4.11) des Flughandbuches zu entnehmen.

Die Piste des Zielflugplatzes muss also immer so lang sein, wie diese aus der Tabelle ermittelte **Landestrecke über 15-m (50 ft)-Hindernis.** Aufbau und Inhalt solcher Landeleistungstabellen ähneln dem der Startleistungstabellen in fast allen Punkten.

Landestrecken Motor im Leerlauf Windstille

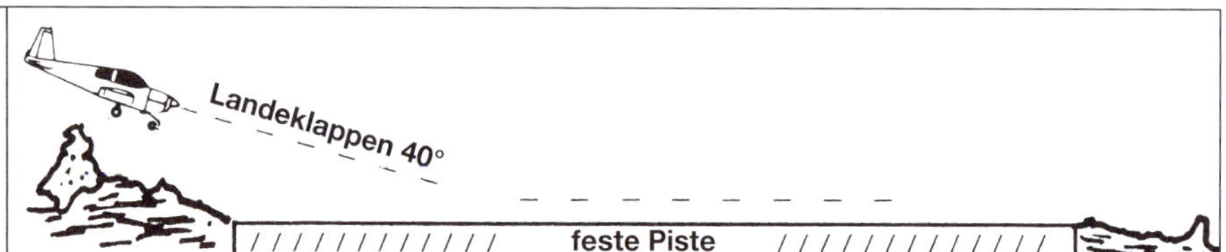

Höchstmasse **	Anfluggeschwindigkeit	Seehöhe und 15 °C		2 500 ft und 10 °C		5 000 ft und 5 °C		7 500 ft und 0 °C	
		Landerollstrecke	Landestrecke über 15-m-Hindernis	Landerollstrecke	Landestrecke über 15-m-Hindernis	Landerollstrecke	Landestrecke über 15-m-Hindernis	Landerollstrecke	Landestrecke über 15-m-Hindernis
kg	IAS mph	m	m	m	m	m	m	m	m
1 157	75	189	387	201	411	212	434	224	460

Achtung:
1. Für je 5 Knoten Gegenwind sind von den genannten Strecken 10 % abzuziehen.
2. Für Landungen auf trockener Graspiste sind den Werten der Spalten „Landerollstrecke" und „Landestrecke über 15-m-Hindernis" 20 % des Wertes der Spalte „Landestrecke über 15-m-Hindernis" hinzuzurechnen.

**** Anmerkung:** In den meisten Flughandbüchern wird nur die „Landerollstrecke" und die „Landestrecke über 15-m-Hindernis" für die Höchstmasse angegeben!

Bild 4.11 Landeleistungstabelle – **nur für Übungszwecke!**

Übungsbeispiel:

Gegeben:	Flugmasse	1 157 kg (Höchstmasse)
	Druckhöhe	2 500 ft
	Temperatur	10 °C
	Gegenwind	10 kt
	Feste Piste, Anfluggeschwindigkeit 75 MPH, Leerlauf, Klappen 40°	
Gesucht:	„Landestrecke über 15-m-Hindernis“	
Lösung:	(Folge den roten Pfeilen in Bild 4.11):	

a) Landestrecke über 15-m-Hindernis ohne Gegenwindkorrektur	411 m
b) Gegenwindkorrektur (10 kt = 20 %)	– 82 m
Erforderliche Landestrecke über 15-m-Hindernis:	**329 m**

Merke: Immer überprüfen, ob am Zielflugplatz die erforderliche Mindestpistenlänge (= Landestrecke über 15-m-Hindernis) vorhanden ist!

Beachten Sie auch die **„Verfügbare Landestrecke (LDA-L**anding **D**istance **A**vailable**)“**, die Länge der Pisten, die als verfügbar und geeignet für den Landelauf eines landenden Luftfahrzeugs erklärt worden ist – so die ICAO-Definition.

Berücksichtigen Sie ebenfalls eine Piste mit versetzter Schwelle. In den Flugplatzkarten sind **befestigte** Pisten **mit versetzter Schwelle** wie im Bild 4.12 unter a) und **unbebestigte** Pisten wie im Bild 4.12 unter b) dargestellt.

Und noch etwas: Bei Landungen auf nassen Asphalt- oder Betonpisten so weit als möglich das Bremsen vermeiden! Mit voll ausgefahrenen Klappen und voll durchgezogenem Höhenruder das Flugzeug ausrollen lassen, um das gefährliche Aquaplaning zu vermeiden!

a) Befestigte Piste mit versetzter Schwelle

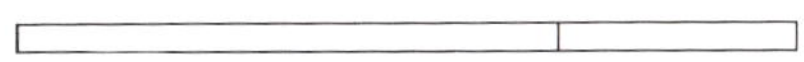

b) Unbefestigte Piste mit versetzter Schwelle

Bild 4.12 Befestigte und unbefestigte Piste mit versetzter Schwelle

Bild Seite

Seite